別亂教你的狗

【寵愛版】

HELP! 我的狗會咬人

漢克 —— 著

編 序

　　「最乖的總是別人家的孩子！」這是許多飼主內心的ＯＳ。但是，真的是這樣嗎？

　　狗是全心全意充滿愛、眼中只有家人、活在當下的動物；相反地，沒有一隻狗天生就是會想咬人、會攻擊人、會膽怯害怕、會恐懼自殘…。

　　這中間是發生了什麼轉變，才造成了如此的結果？

　　狗就如同一張白紙，互動狀態、生長環境、共處家人，這些不可避免的因子，塑造了狗的行為表現。這其中，與狗共同生活的我們，占了相當大的影響：我們可以愛狗，但不是寵過頭；我們可以教狗，但不是打過頭。這過與不及的拿捏，對許多飼主來說，很難。但是對於異常行為校正的訓練師漢克來說，這就是專業。

　　也許我們無法複製漢克的頭腦，但我們可以跟著漢克，學習如何正確地與狗連結關係，幫助狗而建立自信心，給予正確的指引！

　　你也有狗兒行為問題的困擾嗎？期待你們可以從漢克的文字中，獲得正確的指導和建議，與狗兒一起幸福地生活。

自 序
PREFACE

　　那一年，我二十二歲。有一天，我在翡翠水庫的下游游泳時，游著游著突然之間，我聽到在我後方有一個物體快速的接近我。回頭一看，原來是一隻狗狗正在水裡追著我游！

　　上了岸後，我詢問狗主人這是什麼品種的狗？飼主告訴我這是「西伯利亞哈士奇」。

　　哇塞！原來西伯利亞哈士奇的外型這麼帥氣啊！那時，我立刻愛上了這種品種犬，我也想要養一隻這麼帥氣的狗，我要每天帶他過來游泳，我要每天帶他去跑步，我要每天餵他吃好吃的食物……我開始在心中規劃著、想像著我與西伯利亞哈士奇的未來美好畫面。

　　飼主是一名對哈士奇單犬種相當瞭解的繁殖者，可以說除了哈士奇之外，對於其他的品種犬他就不甚瞭解了。我等待著新生命的到來，在這個等待的期間，繁殖者告訴我狗爸爸是誰、狗媽媽是誰、爺爺奶奶曾祖父曾祖母……一直到曾曾曾祖父祖母，祖先八代直系與旁系全部都告訴了我，什麼亞瑟王啊！太陽王啊！Golden Eye！C4！Honda 11！All In The Family！Paris Dakar……一直講到了台灣哈士奇的鼻祖 Barnnigan！

　　將近一年的時間，我終於等到了新生命的到來，他是我生命中的第一隻哈士奇，我給他取了個名字叫作「耐斗」！

　　將耐斗帶回家的第一天，家裡沒有冷氣機，他熱到睡不著。當我將冰箱打開時，他居然可以衝到冰箱前面，秒速熟睡！

耐斗的這個行為讓我意識到，有什麼事不對勁，才發現原來在繁殖者的犬舍，冷氣機是二十四小時運轉的。於是我趕緊帶著耐斗住進了當時我所任職的公司裡，因為只有在公司，每天才都有冷氣可以吹。

　　為了耐斗，我努力工作、認真存錢。兩個多月後，我總算買了台冷氣機，再也不用為了給耐斗吹冷氣，而一直住在公司裡。

　　我的第二隻哈士奇是 Momo。寫到了這裡，我的眼眶開始濕潤了，我真的好想念耐斗和 Momo 啊！

　　就這樣，從我開始飼養哈士奇後，我認真的研究關於哈士奇犬的種種知識，從日常生活飼養管理開始，到洗澡美容到訓練。人與狗親密到一起運動、一起吃飯，就連睡覺也是睡在一起。我們每天都生活在一起。耐斗和 Momo 是我的啟蒙老師，他們激勵、鼓舞了我，讓我一直堅持在這條路上，讓如今的我變得更加的茁壯。

　　這本書是要寫給他們看，即使他們不識字，但是我相信，如果他們還在世，看到了我在認真安靜的寫書，一定會趴在我的腳邊陪伴著我。四目交接時，我會伸出手摸摸他們，他們也會給我相對應溫暖的回應，或許是舔舔我的手，或許是嗚嗚叫幾聲。

　　耐斗、Momo，這十多年來，謝謝你們一直陪伴著我成長茁壯！爸爸想要成為一位優秀的訓練師；爸爸想要將自己的專業技術傳承給學徒們；爸爸想要寫一本書，讓大家知道爸爸的名字，更要讓大家知道，對狗施以正確的教育是非常重要的事情！

　　如今，爸爸我做到了！

推薦序
PREFACE

🐾 鄭至坤 師父 / 臺南市育德工家學務主任

　　本書作者吳建宏（漢克），是國內具有高知名度的「狗專家」，鮮少有人知道他也是一位武術高手。一九九四年就讀高職階段，他加入了學校國（武）術隊，跟隨我拜入南派少林十八羅漢拳門下，學習拳術、兵器以及自由搏擊的功夫，曾經獲得國內多項國術比賽獎項，同時也開啟了建宏武學的修為，引領他走入上層武德境界。在漢克的身上沒有是非的模糊地帶，將功夫及技術要求極致、精進，絕不敷衍，寧可一思進，莫在一思退，身上的「功夫」是他嚴格堅持下的絕活！

　　我們常說「狗」是人類最忠實的夥伴，牠對我們忠實，所以我們愛牠，珍惜且習慣牠們的陪伴，但是，我們卻都不瞭解牠們，常以人的觀點來對待狗。本人從事教育「人」的工作廿五年，擔任學務（訓導）主任十五年，處理過各類型的學生及事件樣態，例如：幫派、陣頭、毒品、殺人……以及靈異事件，加上從事國（武）術教學與訓練已經卅年。我可以將一個學生教育成為武術全國冠軍、亞運、世界盃國手，那是因為我們可以溝通、判斷問題癥結所在，進而解決問題，運用教育方法、手段得以改變行為與觀念。

　　漢克將狗的教育方法與溝通歸納成一門學問，有系統地將飼主的問題逐一解答。我不懂狗，無法知道狗心中的想法，但是我相信，狗一定很喜歡漢

克，因為漢克經由吠叫聲、動作及眼神中深入瞭解牠們。飼主們必定能夠透過這本書成為狗的好朋友，這本工具書會是寵物界的經典。

　　在武術界有一句話：「一身轉戰三千里，一劍曾當百萬師。（摘自王維‧老將行）」漢克在狗的專業猶如武學造詣，加上武術家精鍊的性格，希望精益求精，永遠保持空杯的心態，以他的專業領域心得一定可以提供大家在飼養寵物、教育毛小孩有助益的教育步數。恭喜建宏！也祝福大家！

🐾 林明順 / 大慶獸醫院院長

　　我認識漢克已經將近十八年了，一開始我以為他與一般的寵物業者相同。但是隨著時間慢慢的經過，我發現原來漢克很不一樣！

　　站在獸醫師的角度來看，漢克相當注重狗的防疫和醫療，他甚至曾經投入到了動物藥品公司任職，在動物藥品公司裡去學習許多關於我們獸醫師領域的知識。也因為如此，這份知識對漢克日後經營訓練學校時，有著較常人不同的展現！

　　由於我本人也是訓犬師，我認為訓練狗需要有四個心，一是愛心，二是信心，三是耐心，四是恆心，接下來就是等時間到了之後狗就學會了。當我知道漢克在教兇猛犬的行為矯正時，我再次看到他與眾不同之處。

　　一般而言，訓犬師只要秉持著愛心、信心、耐心與恆心，按照著標準作業流程的步驟進行，可以說，即使每一隻狗都不同，仍可以採用相同的訓練方式，如此也能夠呈現出相同的訓練成效。

　　但是漢克的訓練技術是行為矯正，這是個沒有辦法固定訓練流程的一門學問，因為考量到每一隻狗的性格、生活環境和飼主所給予的原生家庭教育都不盡相同。漢克在為這麼多隻的狗進行「異中求同的訓練」，讓狗不再咬人、讓狗情緒沉穩、讓人不再害怕狗，這是屬於較複雜的訓練技術。

為什麼我說這是屬於較複雜的訓練技術呢？因為除了狗當下的行為問題之外，在這行為問題前後所延伸的各式狀況，都必須去做出相對應的課程設計。尤其是要突破飼主因被狗咬而處於極度恐懼害怕的心理壓力，實施者的經驗值要很豐富，才能夠設計與變化出因應各種不同行為問題的訓練矯正方式，才能夠真正的對症下藥！

　　這本書的內容有別於一般的犬隻訓練書籍，可看性相當高。最後，我相當認同漢克所說過的一段話：「每一隻狗都是獨立的個體，因才施教很重要，每一個行為問題也都是獨立的問題，那些一成不變的訓練方式不見得會適合每一隻狗！」

🐾 蔡進發 / KCT 台灣畜犬協會指導手師範、全犬種審查員

　　我在犬界的資歷已將近一甲子的時間，培養過許多優秀的指導手，其中有幾位是帶藝投師的學生，漢克就是其中之一。

　　漢克是一位對狗很有愛、很有熱忱的學生，他本身的領域是在狗的行為矯正訓練，我察覺到他對狗的各方面知識都很熟悉，他知道狗在想些什麼，他知道該用什麼方式去矯正狗狗各式各樣的異常行為。

　　歷年來，在於犬界的知識與技術大都是以口耳相傳、代代傳承為主，漢克將自己的知識與技術用文字著作來呈現，告訴大家狗狗為什麼不乖、狗狗為什麼咬人、狗狗應該要怎麼教育，這在犬界中將會是一項創新的指標。

　　犬界的專業人士與一般的家庭寵物犬之間是息息相關的，唯有犬界人士自我砥礪精益求精，才能受到人們的尊重，進而影響到一般飼主重視每一隻狗的飼養與教育方式。我想漢克他在犬界十幾年來的資歷，他在著作本書時，心中的想法是要讓大家知道，正確飼養狗狗的方式與正確教育狗狗的方式，都是相等的重要！

🐾 台灣鬆獅救援協會

　　狗，僅僅只是主人生活中的一部分，但主人，是狗生的所有。如果說人的一生是三分天註定，狗的一生就可以說是十分都是由主人來決定吧！

　　鬆獅犬那毛茸茸的外型和厚厚方方的嘴巴，眼神像玩具熊一樣如此天真無邪，造就人們對鬆獅犬有很多溫順的幻想。一定還有很多人不知道，其實以先天條件來說，鬆獅犬是性格固執與具有相當攻擊性的犬種。訓練得當可以是很棒的家犬、護衛犬，沒有獲得正確教養的鬆獅卻可能成為傷人的猛獸。因此，後天的主人教養方式便顯得非常重要。注意，若有一隻家犬發生了不當的行為，那一定是主人在教養過程中，忽略了牠給主人發出的警示，我們有語言文字可以表達，狗兒們卻沒有，牠們會透過肢體行為來告訴你。人類對於跟我們具有不同感官能力，以及迥異思考行為模式的動物了解非常有限，這也是我們為什麼需要尋求專業犬隻訓練師幫助的原因。

　　關注、接觸鬆獅犬救援這些年，協會相當明白也堅持，要送養每一隻曾被棄養的鬆獅之前，除了醫療流程走完之外，首要任務是先了解該犬的性格，親人？親狗？護食？追咬？在未確定該犬隻的行為狀況之前，不可以輕易送養，避免因二次棄養而導致心理創傷式的不信任，進而造成難以矯正的異常行為。

　　漢克過去幫助我們矯正、中途許多待送養的鬆獅，並要求欲認養鬆獅的準主人一定要跟狗狗一起上課、互動，了解該如何與未來的家人共處，建立正確的相處模式與飼養觀念。

　　相信正在閱讀這本書的你，也正為一些毛孩的行為或誤會困擾著。繼續讀下去吧！讓我們一起仔細聆聽、觀察毛孩對我們說的話，對我們展現出來的肢體動作，讓我們與愛犬關係更緊密。

🐾 斑娘 / 通靈溝通師 & 寵物按摩師

　　過去幾年，我曾是一家全開放式住宿的寵物旅館負責人。

　　認識漢克，也是在經營寵物店這些年的時候。原本就在網路上陸陸續續看到漢克寫的文字，知道他是一位針對問題犬的行為訓練師。某天有位飼主帶了一隻哈士奇來住宿，聊天時提到這是漢克救援，並在訓練後認養的。許多的寵物旅館並不樂意接受哈士奇住宿，我卻從不拒絕，我曾接待過許多哈士奇，但對於這隻穩定的哈哈，仍印象深刻。

　　真正牽起了我和漢克的緣份，是一隻米克斯——小黃。起因是一位愛媽希望能讓她救援的中途狗，因為嚴重膽怯、甚至攻擊的行為獲得矯正，而聘請漢克到我店裡來教學。第一次見到騎著腳踏車出現的漢克，雖然穿著簡單樸實，卻有著如狼群領導者般的氣勢。當然，在短短一個小時的時間，漢克展現了他的觀察力和專業，就讓驚慌的小黃踏著自信的步伐，穩定地享受著散步的樂趣。

　　在店裡工作的時候，常常有客人問我：「你們有幾個人？」意思是，店內有大大小小的狗十多隻到數十隻，要好幾個工作人員才能管理看顧這麼多的狗吧？也常有客人問我：「這裡誰是老大？」我都毫不猶豫的回答：「我啊！」是的，狗狗的管理並不難，只要確立誰是老大。一旦知道怎麼確立規矩，即使面對狗群，管理一點也不困難。

　　這就好像幼稚園老師。知道方法的老師，一個人也能控一班幼兒。沒有經驗的新手老師，即使兩個人也擺不平一小群孩子。而陸陸續續在面對近千隻的狗兒之後，我更深刻地感受到，狗兒的行為問題和飼主的教養方式有相當大的關係。

　　這些年來，每每與漢克聊天，總能獲得更多的感觸，也應證了更多關於與狗相應的共處方式。在親眼目睹漢克數十隻井然有序的哈士奇狗群後，更讓我慶幸能有緣認識這樣一位優秀的訓犬師。

這本書是漢克多年的教學經驗分享，仔細體會這本書的內容，相信大家也會對於自己與狗子的相處模式，有所衝擊和調整。

就讓我們和狗子，一起幸福的生活吧！！

😺 Alison Huang / 直覺溝通師

因為一隻中途浪犬——哇貴，我與漢克自此成為無話不談的好友，不論是寵物行為矯正或是動物直覺溝通，我們曾經堪稱史上無人能敵的合作模式：行為矯正師＋直覺溝通師。

漢克給我的第一印象是面無表情、眼神銳利，像極了黑幫兄弟，與他熟稔後更確切明白面惡心善的涵義。只要與流浪動物有關的活動，他二話不說全力相挺，舉凡從台灣北部到南部的流浪動物認養、寵物血液比對或捐血、寵物宣導領養和宣傳教育、無條件接受認養人諮詢寵物訓練等相關知識，以及救助浪犬並協助認養人免費移交訓練、參與多場動物直覺溝通分享會。我們曾經舉辦一場結合寵物行為學及寵物心靈溝通公益講座，將募款所得捐給流浪動物及醫療用途，當然還有數不清的個案協助等等。

每隻寵物都是獨一無二的，透過直覺溝通，不僅可以知道牠們的想法及情緒，也能瞭解與主人及社會彼此之間的生存關係，然而每個生命體的思、情、慾皆與行為及生活方式等慣性模式有關。人類的慣性建立在思維，從思想改變行為；寵物的慣性建立在行為，從行為改變思維，有效的寵物溝通＝直覺溝通＋行為訓練。誠如漢克所述：訓犬師是人與犬之間溝通的橋梁。此句話語與直覺溝通師有異曲同工之妙。無論是極度兇猛咬人、精神異常自殘、獸醫建議安樂死等寵物，在漢克的專業訓練下重獲生命，成為每位主人疼愛的毛寶貝。

挑戰高難度的矯正訓練，越難搞定的行為異常問題，越能激起漢克的鬥

志，想辦法訓練牠，成為人見人愛的毛小孩，就是這股不服輸的精神，造就漢克在生活及工作中具備舉一反三的敏捷反應和反向思考的操作模式，不僅在直覺運作過程中激發靈感及創意，更是細膩專注及冷靜觀察每項細節，才能勝任不可能的任務，若非帶著人本觀念，堅持不打、不罵的訓犬方式，怎能輕易解讀人類與動物彼此在想什麼呢！

　　我很欣賞漢克面對任何挑戰時膽大心細、實事求是的實驗精神，在他的字典裡只有想辦法去做，沒有做不到的詞彙。態度決定一切！雖然漢克很自大又很臭屁，做人處事很有原則，但人情味不曾淡過，也未曾區分階級與身份，他會詳細分析及判斷後給予對方適當的建議及協助，他是每位主人在失去方向時最可靠的浮木。

　　感謝漢克給予機會，讓我為他的新書寫推薦序，相信此本教戰手冊，對於每個家庭及毛小孩必有甚大助益。

目錄
CONTENTS

編序 / 002
作者序 / 003
推薦序 / 005
目錄 / 012

CHAPTER 1
飼主的疑惑、傷心和憤怒

1-1 為什麼我的狗要咬我？ / 018
1-2 犬種的性格特色，先天性格遺傳與後天性格養成 / 021
1-3 狗的高度自主意識 / 024
1-4 狗也會是抗壓性低的草莓族 / 026
1-5 狗狗的肢體語言和表情涵義 / 029
1-6 破解狗狗對飼主的挑戰動作和心理戰 / 031
1-7 狗的品種性格 / 033

2 CHAPTER
轉化你和狗的思想

2-1 我的狗需要接受訓練嗎？ / 038

2-2 真的沒有寵過頭嗎？ / 040

2-3 居家調整：重新建立起正確的人犬關係 / 043

🐾 居家生活的提點 / 049

2-4 服從訓練：誰握領導權？ / 052

2-5 減敏訓練 / 055

🐾 狗狗為什麼不喜歡擦腳 / 058

🐾 狗狗為什麼不喜歡戴口罩 / 060

🐾 狗狗為什麼不喜歡剪趾甲 / 063

2-6 籠內訓練 / 065

🐾 便溺訓練 / 068

2-7 輔具應用 / 071

🐾 正負增強與正負處罰 / 074

2-8 飲食、生活、運動與訓練之間的關係 / 076

2-9 到府教學＆抽離環境訓練 / 079

2-10 步入新生活的移交訓練 / 084

CHAPTER 3 把訓練融入生活

- **3-1** 過度興奮：是你在遛狗，還是狗在遛你？ / 088
  - 🐾 把飼主拉到跌倒受傷的高山犬 / 092
- **3-2** 攻擊行為：咬飼主 / 094
  - 🐾 結紮後的狗狗就不會咬人了嗎？ / 099
- **3-3** 攻擊行為：咬陌生人 / 100
  - 🐾 莫名攻擊咬路人的杜賓犬 / 104
- **3-4** 護食攻擊行為 / 106
  - 🐾 會強搶人類小孩手中食物的哈士奇 / 109
- **3-5** 占有攻擊行為 / 112
  - 🐾 貴賓犬不讓家中的男主人上床睡覺 / 116
- **3-6** 驅逐攻擊行為 / 118
  - 🐾 會衝上前攻擊咬樂器的西高地白㹴 / 121
- **3-7** 挑食行為：是挑食還是厭食？ / 122
  - 🐾 更換環境而不願意吃飯的狗 / 125
- **3-8** 吠叫行為 / 127
  - 🐾 對手機鈴聲敏感吠叫的狗 / 130
  - 🐾 出門坐寵物推車的瑪爾濟斯會對馬路上的狗大聲吠叫 / 131
- **3-9** 心理障礙 / 134
  - 3-9-1 焦慮症 / 134
  - 3-9-2 性格異常膽怯 / 136

3-9-3 憂鬱症 / 137

3-9-4 恐懼症 / 138

3-9-5 強迫症 / 140

3-9-6 強迫症裡的自殘行為 / 143

3-9-7 分離焦慮症 / 145

3-9-8 雷雨恐懼症 / 152

3-10 狗的社會化不足 / 154

3-10-1 狗對狗 / 154

3-10-2 狗對人 / 157

3-10-3 狗對環境 / 159

適應力不足成就敏感個性的中途狗 / 164

特別篇 讓失家的心重新溫暖

4-1 獨一無二的米克斯 / 170

4-2 破碎的心理創傷 / 172

4-3 流浪狗園的管理和需要的團體訓練 / 173

後言 / 175

1 CHAPTER

飼主的
疑惑、傷心和憤怒

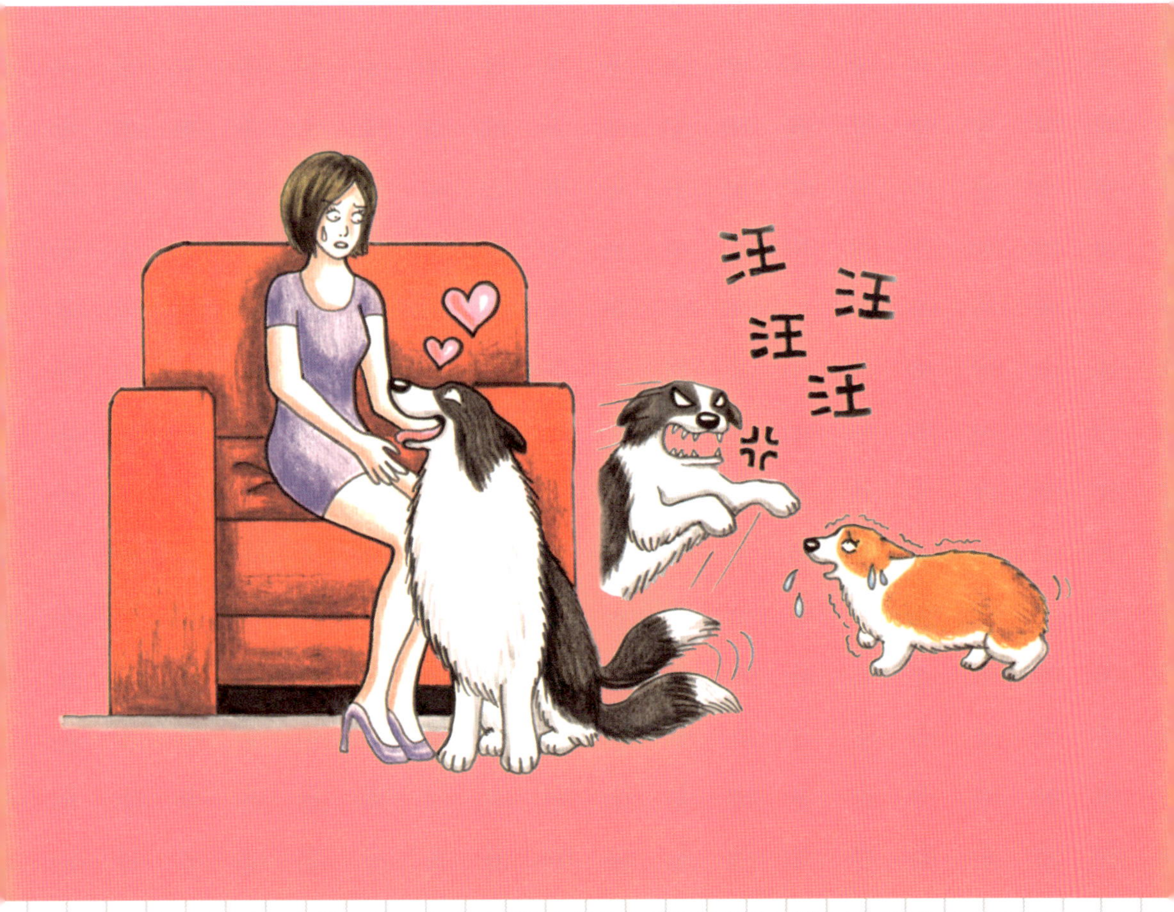
汪
汪
汪
汪

1-1 為什麼我的狗會咬我

寵物新定義：伴侶家人

在早期台灣的農業、工業社會裡，我們養狗大都是為了看家，這個時期的狗還談不上是「寵物」，我們平常與狗的互動，大都只是簡單的餵食和打掃排泄物，人們與狗之間的關係單純不複雜。在單純的關係裡面，狗沒有機會與人建立起不正確的關係，偶爾遇到主人心血來潮去摸摸這隻狗，這個時候狗就會顯得相當高興，很樂意、很開心地讓人撫摸他的身體和被毛。

如今在台灣的社會裡，我們養狗的心態已經全然不同，狗是家中成員的一份子。在人與狗彼此之間的稱呼上，我們常常可以聽見人對狗說的話已經進入了擬人化，這更是直接反映出狗在我們心中的地位與重要性。我們可以知道，狗已經跳脫出「寵物」的定義，狗就是我們的家人。我們與狗之間互動的頻率增加了，跟狗一起散步一起玩、抱著狗坐在沙發上看電視，甚至於讓狗跟著我們一起睡在床上。

研究指出，狗是有智慧的動物，狗除了有智慧之外，狗也是最能夠貼近人類思想和情感的動物之一，這同時也包含了記憶力和思考能力。事實上，每一隻狗都有自己的獨立性格，就跟人類一模一樣，也就是說，狗會表現出喜怒哀樂各種不同的情緒，包括了接下來我要跟大家分享的攻擊咬人情緒。

相較於狗對人類的攻擊行為，狗與狗之間的攻擊行為成因較為簡單。

我們來看看天生天養的野生狗（在人類的社會意識下，我們可以稱為流浪狗）。流浪狗具有群體生活的習性，勝者為王是領袖意識，佔地為王是地域意識（地盤意識），當流浪母狗發情時，公狗與公狗之間會產生繁衍後代的荷爾蒙分泌意識，這些狀況之下所產生的攻擊行為都是正常的，但是一旦攻擊的對象是人類時，這個攻擊行為就會變得相當的複雜。

被人類飼養的狗，我們可以稱為家犬（狗是俗名，犬是學名）。承上述，

家犬與我們共同生活在一起，與我們之間的互動關係相當頻繁，加上狗有獨立的性格，也有著記憶力和思考能力，因此在狗與我們共同生活時，我們可以知道這對狗而言就是群體生活。

在狗與我們的群體生活裡，我們提供了食物給狗，所以在正常的狀況之下，狗會認為我們的位階比較高。這其實不完全正確，位階關係並不是單純只透過餵食就能夠建立起來，位階關係的建立是在於狗與我們日常生活中的種種互動裡，在多種面向中，一天一天慢慢的建立起來。

我來舉幾個日常生活中的例子。

「走路暴衝」這個行為在狗的思緒裡是不存在的，但是出現了「人與牽繩」這些複雜的關係與物品。當我們帶狗出門散步，狗拉直了牽繩拖著我們走，這就是狗在領導人，並非是我們所想的，是我們在牽制狗，因此，步調是要放慢，還是要暴衝，便由狗來決定。

我們準備了玩具球給狗玩，狗咬著球來到了我們面前，我們伸出手要將球自狗的口中拿取過來，狗不願意將球交出來，這就是狗有著自我意識。再舉例，我們每天固定時間帶狗出門散步，假設有一天，我們因為某些因素無法帶狗出門，此時狗會咬著牽繩來到我們面前，他在告訴我們該帶我出門了，這就是狗對人產生的制約要求反應。

諸如此類，在日常生活中，有著各種多樣化的人與狗互動行為，讓狗有機會發展出與我們產生不正確的位階關係，若狗的領導慾望再高一點、自主意識再高一點、制約要求反應再激烈一點，那麼狗所產生的異常行為將會無止盡地放大。

為什麼我的狗會咬我？

家犬會攻擊咬自己的飼主只有兩個原因，一個是被飼主給寵壞了，另一個就是被飼主給打壞了。

被寵壞的狗，他擁有至高無上的領導權，他叫你摸他你就會去摸，摸著摸著他不要你摸他時，他就會撩牙（甚至開口咬）叫你住手。假設你們睡在

一起，他在熟睡時你翻個身吵醒他了，他就咬你，他這是在懲罰你將他給吵醒了。

被打壞的狗，他整天相當恐懼跟你一起相處，能離你多遠就離你多遠，他的神經緊繃著無法放鬆，導致他的性格愈來愈敏感，因而激發出狼的原始性格，他開始自覺他可以、他必須要攻擊你，如此他才能夠免於被暴力對待，如此才能夠自己保護好自己。

為什麼我的狗會咬我，所有的原因都是出自於飼主自己的身上！

漢克這樣說

單純養狗和用心養好一隻狗是截然不同的，後者需投入許多時間、精力和金錢，並需重視狗的心理素質。

1-2 犬種的性格特色，先天性格遺傳與後天性格養成

每一個人都有自己獨具一格的性格，即使是孿生子其性格也不會完全相同。孩子年紀還小時或許性格差異還不明顯，隨著漸漸成長離開父母，踏入了校園之後，孩子們接受了各方面的刺激，使得他們的性格往不同的方向發展。

我之所以用孿生子來舉例，因為狗是多胎性動物，每一胎幼犬的數量多則十幾隻少則一二隻。同一個父母犬所生出來的幼犬，各自長大之後，性格其實都不會相同，如同人類的孩子們一樣，接受了各方面的刺激，使得每一個孩子的性格會往不同方向發展。又或者，同一個父母犬在第一年交配生出來的狗，與第二年再次交配生出來的狗，同一個父母犬在不同年份所生出來的狗，其性格也都存在著各自的差異性。

狗的先天性格不會完全相同，但是有一種東西可以讓我們參考，那就是每種犬種的性格特點。

當你看到這裡的時候，請放下書本，去想一想西藏獒犬、黃金獵犬、哈士奇、柴犬、貴賓犬等各種不同的品種犬，各自的犬種特色是什麼？

西藏獒犬帶給我們一種威武沉穩，卻具有相當攻擊性的印象；黃金獵犬大方活潑，且友善親人；哈士奇則是熱情友善，卻野性十足；柴犬安靜沉穩，卻也獨來獨往；貴賓犬機靈調皮，卻敏感易吠叫。

是的，狗狗帶給我們的感受，就是犬種天生具有的性格特色，這是隨著遺傳基因永遠不會被抹殺掉的性格特色。同時我們也要理解，同一個犬種會存在著很相近的性格特色，在這些相近的性格特色裡面，會再細分出來完全不同的性格。

犬種的性格特色，決定了他所適合的飼養管理方式和訓練方式，因此，並不是每一隻拉布拉多都可以訓練成為導盲犬；而搜救犬，也不是自主意識高的哈士奇可以輕鬆勝任；至於性格溫和的狗醫生，基本上跟兇猛的西藏獒

犬也沒有緣分。

　　後天給予的刺激決定了狗在犬種性格特色裡的性格差異，所謂的刺激是泛指給予狗的感官刺激，以及記憶和習慣刺激，而且不會只有單一刺激，也就是說刺激的來源是多方面的。

　　狗的感官系統與人類相同，也就是視覺、嗅覺、聽覺、味覺、觸覺，甚至包含了痛覺都與人類相同。在日常生活裡，以前三項感官系統使用順序來比較，狗的優先使用順序為視覺優先，嗅覺其次，聽覺則是最後。

　　若將狗飼養在籠子裡面，蓋上不透光的黑布，導致狗的視覺無法有效使用，時間久了狗的聽覺就會被強化。當視覺感官變為最後，而聽覺感官被優先使用，那麼狗的性格也就會變得更敏感。籠子外面一有風吹草動，是狗所不認識的聲音出現，狗就很容易出現吠叫警示行為。

　　上述的舉例是相當不人道的飼養方式，我換個較常見的例子來說，將狗飼養在屋子裡面，假設狗的自主意識高，狗每天能在屋子裡面自由走動，整間屋子都變成了狗的地域，當屋子外面出現了鄰居的腳步聲、交談聲、鑰匙的開鎖聲等不明聲音時，由於狗的視覺被牆壁和門遮蔽了，所以狗的聽覺被強化了，加上狗在屋子內產生了地域性，當屋子外面出現了聲音時，狗就會出現吠叫警示行為，且當屋子外面的聲音距離屋子愈近時，狗的吠叫聲也會愈大聲愈急促。

　　這樣的行為表現即是由後天人為所養成。

　　上述文中狗的吠叫警示行為，大都發生在公寓大廈裡，我們多數只意識到這樣會帶給鄰居極大困擾，但是我們卻不明白，原來這其實是給予錯誤飼養方式所造成的現象。

　　反過來說，將狗飼養在屋子裡，狗吃飯、休息和睡覺的地方都在籠子內，且籠子的位置位於屋子裡的最深處，遠離走道遠離門，縮減狗的地域性到籠子裡，並且每天適度地帶狗出門散步和運動，讓狗滿滿的精力得以宣洩，又有具備安全感十足且安靜的籠內地域，讓狗得以安穩睡眠，那麼狗的聽覺感官和性格敏感度將難以異常發展，自然不會出現警示吠叫的行為。

簡單來說，我們用甚麼樣的飼養管理和教育訓練方式對待狗，那麼狗就會發展出來相對應的性格與行為，這就是所謂後天人為的性格養成。尤其是年齡尚小的幼犬，幼犬的性格如同一張白紙，我們給予的飼養管理和教育訓練，將全部成為幼犬成長期的養分。我們用平穩的心情去飼養幼犬，用規律的生活去管理幼犬，用合理的教育去訓練幼犬，當幼犬漸漸長大之後，即使是原生犬種特性屬於兇猛犬的西藏獒犬，仍然能被後天教育成為一隻溫和穩定的狗。

　　相反來說，我們時常心情起伏很大，時常動不動就去戲弄幼犬，上一秒跟幼犬又親又抱的，下一秒對幼犬不理不睬，使幼犬困惑、難以理解我們的情緒，若再加上對幼犬實施打罵教育，那麼即使是犬種特性溫和的狗，例如黃金獵犬、邊境牧羊犬、喜樂蒂牧羊犬等，都將會被後天人為養成了扭曲的性格，導致幼犬產生各式各樣的行為問題。並且隨著幼犬的年齡漸漸長大，他會發現自己的力氣變大了，自己的牙齒更鋒利了，這個時候所出現的異常行為，將會比起幼犬時期來的更加劇烈嚴重。

漢克這樣說

犬種的性格特色，決定了他所適合的飼養管理方式和訓練方式。

1-3 狗的高度自主意識

　　我是狗的異常行為矯正訓練師，在面對每一隻具有異常行為的狗時，我必須去瞭解一個非常重要的訊息，那就是「狗在想些什麼？」

　　「散步」是狗與人類相處時最經常性，最平凡不過的互動行為，別小看這個散步的動作，裡面包含了許多令人意想不到的訊息。這也是為什麼我到每一位飼主家中到府教學時，與飼主見面後的第一個動作，就是請飼主牽狗散步讓我看看。

　　狗是可以習慣群體生活的動物，當狗與飼主一同生活時，狗與飼主之間便形成了一個小群體。狗也是具有領袖意識的動物，尤其當一群狗在一起生活時，我們不難發現裡面所謂的「狗王」是哪一隻狗。在狗與飼主之間所形成的小群體裡，當狗的性格很聰明，很古靈精怪（或是稱為奸巧），那麼狗將會嘗試去領導飼主，嚴重一點甚至還會嘗試去支配飼主。

　　我們可以由飼主牽狗散步的情形裡，判斷出狗對飼主的領導意識到達甚麼程度，這很容易判斷，就看狗走在飼主的什麼位置。正常行為中，散步時，狗會走在飼主的前面，即使飼主改變行進方向，狗仍然會馬上走到飼主的前面，但是並不會使盡用力拖著飼主走，也不會過度在意身邊經過的來往路人。

　　若狗已具有領導意識，狗除了會走在飼主的前面之外，甚至會加快自己的速度，強拉著飼主前進。又若是同時具有敏感性格的狗，當飼主特意不去配合狗的行進速度，這個時候，狗可能會回過頭來咬飼主手上的牽繩，甚至於轉身回頭攻擊飼主，這個反應代表，狗不願意被狗視為低位階的飼主約束牽引。

　　一隻狗表現出高度自主意識時，代表著這隻狗被飼主寵壞了的可能性很大，這種「寵壞了」其實都是在日常生活裡不知不覺養成的。你跟狗一起坐在沙發上看電視，狗趴在你的懷裡；上床睡覺時，狗睡在你的床上，並在你的身體高度降低躺平時，狗會站立起來（甚至站立在你身上），然後居高臨

下地看著你；狗咬了一個玩具球跑到面前，你接過手來將玩具球丟出去；準備餵狗吃飯時，狗對著你大聲吠叫，並甚至用前肢觸碰著你、催促你；準備帶狗出門散步，門一打開，狗不管你鞋子穿好了沒有，就一股腦兒的拉著你出門⋯⋯

首先我們要知道，「高度」對狗而言的意義非常重要，如同我們在跟小孩子說話時，若蹲下來跟小孩子視線齊平說話，大人把位階放低，小孩子感受到的壓力會比較小，訊息接收度也會比較高。

一隻位階低的狗，絕對不會居高臨下去看著領袖狗，更不會用自己身體任何部位去壓、去搭在領袖狗的身上，這樣的行為，即是為了避免向領袖狗宣示主權。相對的，領袖狗也不容許位階低的狗對他做出種種宣示主權的動作。狗咬了玩具球跑到了你的面前，他是在叫你丟球給他玩，於是你乖乖聽話照辦；準備餵狗吃飯，狗對著你大聲吠叫，他是在叫你快一點快一點，於是你也是乖乖聽話照辦；準備帶狗出門散步時，門一打開狗就拉著你出門了，其實是反過來他在帶著你出門散步⋯⋯

面對這樣高度自主意識的狗，若問題行為只是單一的行為，那麼我們也許可以選擇忽略，若問題行為轉變成為一連串行為問題，這就表示所有的行為問題全部都是環環相扣，我們就必須去正視這些行為問題，透過服從性訓練來矯正。

漢克這樣說

> 我個人認為狗不要太過聰明，萌萌呆呆的狗會比較容易飼養和管理。

1-4 狗也會是抗壓性低的草莓族

每個人抗壓性的高低不同，我們可以在生活裡得到提高抗壓性的歷練，又或者是透過訓練，鍛鍊自己的意志力，用以提高面對壓力時的耐受度。

談到先天性格膽怯的狗，我曾經教過一隻流浪高山犬，他的性格很極端，看到他喜歡的人出現時，他顯得活潑正常，平常帶他出門散步時，卻又異常的膽怯害怕，那種膽怯害怕的程度，甚至會引起對人的自衛攻擊性。暫時撇開自衛攻擊性不說，他的性格異常敏感，當警車、消防車或救護車的警示燈光不小心照到他，他會崩潰；經過一夜的黑暗環境睡眠，打開門，當陽光照進來那一刻，他也崩潰；牽著他離開籠子，只走一步，他就不願意繼續往前走；樹上掉下來的落葉碰到身體，他就崩潰了；細微的小雨滴落下來碰到身體，他也會崩潰。想當然爾，他無法接受牽繩、項圈、口罩和伊莉莎白頭套等，實施任何「套與圍」的動作，這個時候，他會以攻擊咬人做回應；他無法接受陌生人碰觸身體，他會閃避，若閃無可閃時，他也是以攻擊咬人作為回應。

性格極度敏感的他，崩潰時的反應是用盡方法把自己藏起來，把頭跟身體塞在角落裡不斷發抖，誰來呼喊都沒用，最久發抖的紀錄為連續十二個小時，這期間，他就是一直發抖，完全不移動，也不吃不喝不便溺。

我用盡了方法，企圖去提高他的抗壓性，就舉日常散步這件事為例，我先將散步的路線安排在距離犬舍大門十公尺處，待他習慣了這個距離，不再因受外界環境刺激，不會驚恐的想跑回籠內時，我才再將散步的距離加長為二十公尺。如此，逐漸將散步距離拉長，同時也逐漸將時間拉長，讓他喜歡上出門散步之後，再開始進行服從訓練，最終目的是利用服從訓練，提高他的穩定性和降低敏感度。

這隻高山犬足足讓我花了一年的時間，才慢慢讓他的生活回歸正常，與認養人也上了將近四十堂的移交訓練課程，才讓狗認識並信任與服從認養人。

而後天人為養成膽怯害怕性格的狗，基本上，絕大多數都是被飼主不正

確對待後所形成的性格，這樣的狗，不同於先天性膽怯害怕的狗，他膽怯害怕的並不是存在於生活環境裡的事物，令他感到害怕的，其實就是他的飼主，飼主就是讓狗產生壓力的主要來源。

我們只需要做的是，將狗抽離環境離開飼主，試著讓狗回復到規律的生活作息，同時，透過遊戲去強化他的自信心，在這種情形下，我甚至建議讓狗拉著我們暴衝都沒關係，等狗狗的自信心恢復後，再開始進行服從訓練，最後，再與飼主進行移交訓練。除了再三告誡飼主不可再用過去錯誤的方式對待狗之外，我們也會重新建立狗對飼主的信任感，自然而然慢慢的，狗就不會再對飼主感到恐懼害怕了。

我曾經教過一隻柴犬，他會狠狠地自殘，將自己咬的皮開肉綻、鮮血直流，他被多位獸醫師診斷為強迫症（請參閱強迫症的單元），其中有兩位獸醫師診斷為沒救了，建議飼主將其安樂死。飼主不願意放棄他的愛犬，飼主帶著愛犬跑遍台灣遍訪名醫與名訓練師，最終，柴犬來到了我的犬舍接受訓練矯正。

在教狗時，我會去試著換位思考狗狗在想些甚麼，奇怪的是，我無法瞭解這隻柴犬他心裏真正在想些甚麼，我換了一個方法，我不斷的出狀況給他，接著觀察他在處於這些狀態時會出現什麼樣的反應。

例如，我帶他去跑步，他會很開心，一路快樂地奔跑，途中，我刻意停下來牽著他立定不動，即使他想繼續跑，我也絲毫不動，於是，他開始生氣，不斷轉圈圈、咬自己的尾巴，每當看見他準備要轉圈咬尾巴時，我會立刻繼續跑步，一旦跑起來，他的情緒就會馬上恢復正常，屢試不爽。

在人類醫學運用上，阻斷法常見於強迫症患者的行為治療，基於同樣原則，我利用跑步去阻斷他陷入轉圈圈咬尾巴的情緒思路。但是，難就難在總不能一直不停的跑吧！幾次之後，我開始要求他維持站姿原地等待，看似他無所事事站著，實際上他是在服從我給予的命令，在這份命令達成之後，緊接著就是我充滿愛的擁抱和獎勵。

我認同獸醫師給這隻柴犬的診斷，這隻柴犬是典型的強迫症，他引導我

去找出強迫症的形成原因。從散步這件事情裡，我觀察到，飼主帶著他散步時，柴犬想要往東邊走，飼主卻要往西邊走，飼主未能理解狗兒的心理，未能依照狗兒所想而行事，造成柴犬心理上的不滿，於是藉由自殘咬自己的動作來宣洩不滿情緒，同時，也想要利用這個行為獲得飼主的關注，偏偏這樣的情緒一旦陷入後就很難抽離出來，就只能反覆地重複這個自殘迴圈。

就這樣，我總算找出了矯正這隻柴犬恐怖自殘行為的方式，他會有這樣的情緒與行為，主要是因為抗壓性太低，我的訓練目的放在提高他對於壓力的耐受性。例如他不喜歡獨處，而我刻意訓練他習慣獨處，慢慢增長他獨處的時間，如此一來，當他面對令他感到不舒服的狀態時，就不會容易陷入強迫症的情緒裡。

其實我認為，這隻柴犬自殘咬自己的行為跟小孩子非常類似。被寵壞的孩子，不讓他買玩具買糖果，就又哭又嚎的在地上打滾，死活賴著不走，直到他達成目的之後才罷休。而孩子這樣的行為反應，就是在大人的反應裡所學習到制約大人的方式，不是嗎？

> **漢克這樣說**
> 犬隻行為門診與行為矯正之間，存在著相輔相乘的效果，但卻又可以各自獨立。

1-5 狗狗的肢體語言和表情涵義

　　每一隻狗都有表情，狗的臉部表情與人類的表情相當神似，我們可以輕易的從狗的表情裡瞭解喜怒哀樂。也有一些較難看得出表情的狗，通常都是臉部贅皮、皺摺較多的狗，這樣的狗看起來喜怒不形於色，例如紐波利頓、英國鬥牛犬和鬆獅犬等。當然，除了透過狗狗臉部的表情來瞭解其情緒之外，我們還可以透過狗狗的肢體語言來瞭解狗狗的情緒，甚至瞭解狗狗腦袋裡的想法。

　　吐蕊・魯格斯（Turid Rugaas），是一位瑞典籍犬訓練師，他在著作中記錄了一種「狗狗的安定訊號」。他依據多年經驗觀察整理出多種狗兒溝通的肢體語言，命名為安定訊號（Calming Signals）。當狗兒感到不自在、緊張或恐懼時，他會使用安定訊號令自己與對方安定，以預防或避免衝突。他的著作裡詳細講述狗狗的每一個肢體動作所代表的含義，例如狗狗打哈欠、狗狗瞇眼、狗狗撇頭、狗狗不斷伸出舌頭舔舐鼻子、狗狗搖晃尾巴等等肢體動作各自所代表的含義，有興趣的讀者們可以自行查詢。

狗搖晃尾巴不代表是和善的態度

　　我們來談談狗狗搖晃尾巴與攻擊行為之間的關係。

　　如同大多數的人所認知，狗狗搖晃尾巴是代表心情很好，也代表他向人表達善意的一種肢體語言。不過，有些狗天生沒有尾巴，或是尾巴極短，例如潘布魯克柯基犬天生就沒有尾巴、英國鬥牛犬天生尾巴極短且捲曲，這種無尾或短尾類型的狗，不在這個話題的討論範圍內。

　　不知道你是否曾經注意過，某些狗在攻擊咬人時，也是一邊咬一邊搖晃著尾巴。

　　首先，我們需要瞭解，搖晃的尾巴在各種不同的高度、不同的搖晃力道和搖晃節奏，各自代表著不同的意義。當一隻具有主動性攻擊行為的狗，處

在攻擊情緒裡時，此時此刻他搖晃尾巴，代表著狗是處於高昂興奮的狀態，也代表著狗對自己的攻擊能力感到具有相當程度的自信。

　　狗在攻擊前，尾巴搖晃角度通常較高，若尾位較高的狗，尾巴甚至會直立起來，且搖晃的角度略小，並且是緩慢地搖晃著。狗在攻擊行為動作的當下，尾巴同時具有平衡身體姿勢的功能，所以在攻擊過程當中，尾巴的高度會不斷變化，搖晃的力道大，攻擊的速度也會相對增快。

漢克這樣說

寵物相關從業人員，尤其是寵物美容師和獸醫師，能夠正確理解狗的肢體語言是相當重要的。

1-6 破解狗狗對飼主的挑戰動作和心理戰

狗狗的小心機

大多數的人對狗的既定印象是忠心耿耿、不會撒謊。但是大家知道嗎，其實狗也是會有心機的喔！舉個最簡單的例子，當狗把玩具球叼到你的面前時，你會怎麼回應？相信大多數的人都會把玩具球拿過來，然後丟出去給狗追，對吧！？如果這隻狗具有較高的主觀意識，其實這個時候，他是在命令你：「喂！趕快丟球給我玩」，於是你乖乖順從照辦了。真相是，你在不知不覺中，被狗給將了一軍。

當一隻狗具有領袖意識時，請不要懷疑，你就是被計畫算計在內的動物之一。

準備帶狗出門，你卻在家裡追著狗跑，好不容易抓到他，幫他繫上牽繩出門，其實狗是在告訴繞著他轉圈的你說：「出門就出門，幹嘛要繫牽繩！」當你還在彎腰穿鞋，狗卻一直猛拉著你往門外走，其實狗在告訴你：「動作快點，我等不及了！」順利外出牽著狗走在路上，你的行進速度或方向都由不得你做主，狗狗掌控了引路的權力，這時候變成是狗在遛你，不是你在遛狗。

這些畫面是不是感覺很熟悉呢？

除了這些明顯得大動作之外，狗狗還有許多的小動作，例如訓練狗狗腳側隨行，在行進間停止動作時，狗會假裝若無其事地把腳踩在你的腳上，這是他在向你宣示主權，代表著他的內心某一層面，還不願意讓你來領導。

放風讓狗自由活動時，狗會跑到你的身後，對著你抬起腿來撒尿；當你蹲下彎腰去撿狗狗的便便時，狗會舉起前腳搭在你的身上；當家中的幼兒坐在地板上，狗狗會同時舉起兩隻前腳，用兩隻前腳站在幼兒身上。這些，都是狗狗在向人類宣示主權的典型動作。

為狗狗準備食物，狗嫌你每天餵食相同的食物沒有變化，開始挑嘴甚至絕食。於是你妥協了，你換了一包新飼料，在飼料裡拌入罐頭也添加了肉，也許今天吃排骨，明天吃雞腿。在飲食這部份，狗狗再次掌握大權。

狗也會撒謊

是的，狗狗也會撒謊。

我曾經有個經驗，我幫客戶的狗洗澡美容剪指甲，我一根根慢慢的剪，狗狗沒有吭聲。然而在剪下一根指甲，指甲刀還沒碰到狗之前，狗突然大聲哀嚎起來，我感到納悶，抬頭一看，才知道主人站在美容室旁觀看，狗的大聲哀嚎是演給飼主看的。

說到寵物美容室，在這裡，你經常可以發現一些特殊有趣的事，像是明明天氣相當炎熱，但是卻有狗狗的身體一直在發抖，他並不是因為體溫過低而發抖，也不是因為害怕而發抖，那是為什麼呢？你會發現，當美容師人走掉狗不抖了，美容師掉頭再走回來，狗就繼續發抖，原來狗是在告訴美容師：「我好可憐喔！你要不要來抱抱我呢？」

還有一則故事也很有趣：獵人帶著眾多獵犬出門打獵，好幾次都因為沒發現獵物而提早打道回府，某一天，其中一隻狗在回家途中，假裝發現了獵物，其他的狗也配合演出，讓獵人以為獵物出現了而在四處尋找，於是讓這群狗又多玩了好一會兒，獵人一無所獲，狗兒這才心滿意足的跟著獵人回家。

漢克這樣說

每一隻狗都有獨一無二的個性，即使是為了同一個目的，每一隻狗採用回應與處理的方式，也可能會大不相同。

1-7 狗的品種性格

有些常見的品種犬，很容易發展出特定的異常攻擊行為。依我的經驗，整理如下：

德國狼犬與西藏獒犬——吠叫，尤其是地域性吠叫、地域性攻擊行為、走路暴衝拖著人跑、追咬其他的小動物……這些行為都較其他品種犬發生的比例高。狼犬與西藏獒犬普遍的服從性較其他犬種高。若被飼主虐打過，多半不會咬自己的飼主，但是卻很容易攻擊咬陌生人。

哈士奇——狼嚎、走路暴衝拖著人跑、容易追咬其他的小動物、破壞傢俱、發展出較高的自主意識。若被飼主虐打過，則會很容易發展咬陌生人的攻擊性，也包含了攻擊自己的飼主。

薩摩耶——走路暴衝拖著人跑、破壞傢俱，攻擊性格較其他品種犬來的低。

柴犬——容易因護食護物品而攻擊咬人、地域性攻擊咬人、不喜歡讓人任意觸摸身體。若被飼主虐打過，則會很容易發展咬陌生人的攻擊性，也包含了攻擊咬自己的飼主。

鬆獅犬——護食護物品攻擊咬人、地域性攻擊咬人、不讓人任意觸摸身體。若被飼主虐打過，則會很容易發展咬陌生人的攻擊性，也包含了攻擊咬自己的飼主。

柯基犬——容易護食護物品攻擊咬人、吠叫。若被飼主虐打過，則很容易發展其攻擊性，但多以咬對自己施暴的飼主為主，不見得會去咬陌生人。

貴賓犬——吠叫，尤其是地域性吠叫，支配飼主的慾望較其他品種犬來的高，極容易被寵壞的性格，當被寵壞時，容易產生攻擊咬自己飼主的異常行為。

瑪爾濟斯——吠叫，尤其是對其他狗狗的吠叫，支配飼主的慾望也高，極容易被寵壞的性格。當被寵壞時，容易產生攻擊咬自己飼主的異常行為。

博美犬——吠叫，一有任何風吹草動就會吠叫的敏感性格，攻擊行為的發生比例較其他品種犬來的低。

整體來說，小型犬較大型犬更容易形成吠叫行為。

最後，我要重述，即使是相同的品種犬也存在著性格上的差異，哈士奇也有沉穩內斂的類型；也有很安靜不愛吠叫的博美犬。這裡所描述的是一般通俗易見的情形，僅供參考，絕不能用來作為評斷的普遍依據。

漢克這樣說

新手不建議飼養柴犬、鬆獅犬、哈士奇和藏獒，這些品種犬的性格比起一般品種犬來說，屬於比較特殊的一類。

常見的品種犬性格

品種	先天性格	容易發展的異常行為
德國狼犬（德國牧羊犬）	 屬於高智商犬種 個性敏捷，適合複雜的工作環境。	地域性吠叫 地域性攻擊 走路暴衝、追咬小動物
西藏獒犬	 性格兇猛，野性尚存 對主人順從忠心，體型高大，是稱職的工作犬和護衛犬。	地域性吠叫 地域性攻擊 走路暴衝、追咬小動物
哈士奇	 精力充沛，行動敏捷迅速	發展出較高的自主意識 狼嚎、走路暴衝、追咬小動物
薩摩耶	 聰明，個性溫和 忍耐力、適應性強、充滿活力	走路暴衝、破壞傢俱
柴犬	 膽大、自律、獨立且頑固 具有一定警戒心與攻擊性	當食物提供的養分不足時，容易護食護物品而攻擊咬人、地域性攻擊咬人、不喜歡讓人任意觸摸身體
鬆獅犬（獅子犬）	 固執且過於獨立，較難以馴服與訓練。	因護食護物品而攻擊咬人、地域性攻擊咬人、不喜歡讓人任意觸摸身體
柯基犬	 個性主動、聰明、溫和 性格穩定、機警	吠叫、因護食護物品攻擊咬人
貴賓犬	 喜歡與人親近友好 好奇心強，溫和好動	地域性吠叫，或是對其他的狗狗吠叫
馬爾濟斯	 性情溫和，撒嬌好客 容易緊張、較神經質	地域性吠叫，或是對其他的狗狗吠叫
博美犬	 活潑、聰明、容易緊張、較神經質	吠叫，一有任何風吹草動就會吠叫的敏感性格

2 CHAPTER

轉化
你和狗的思想

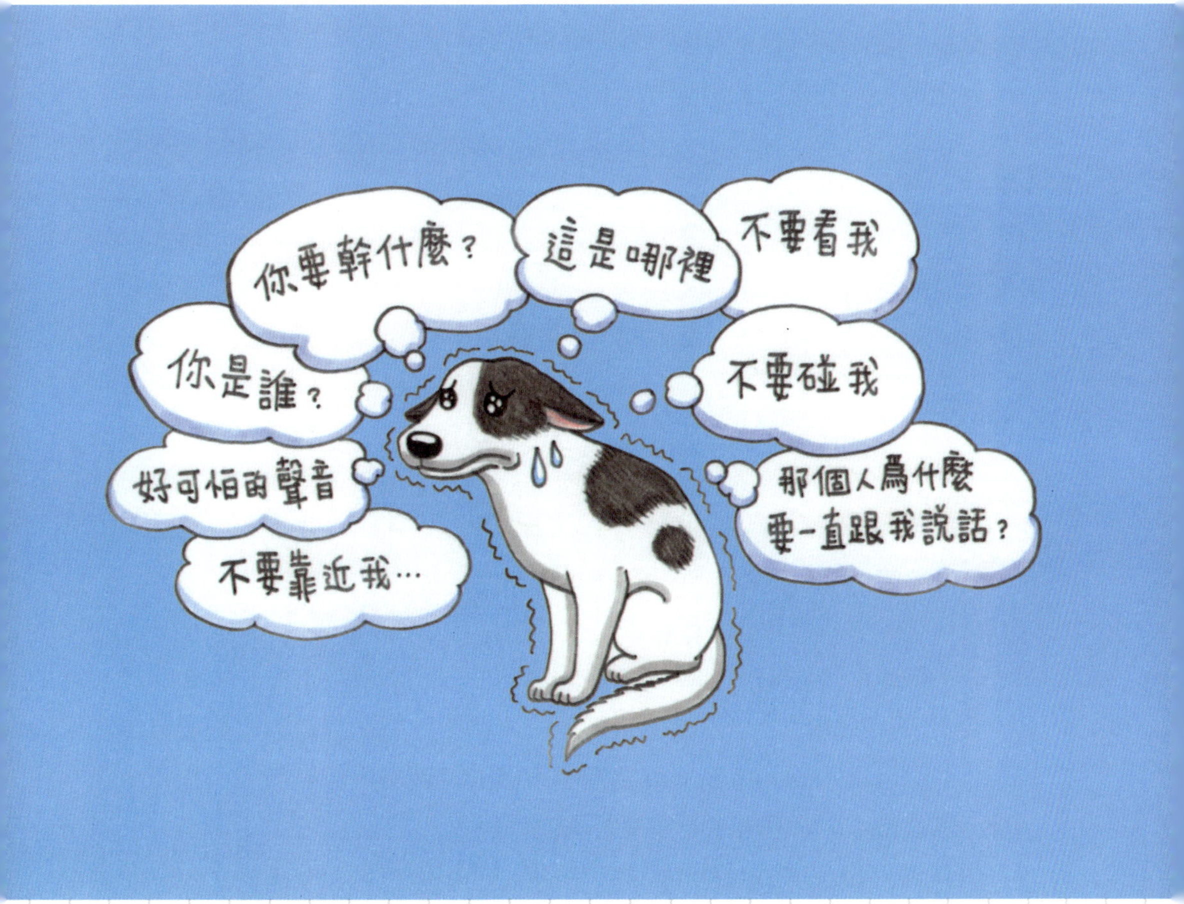
你要幹什麼？
這是哪裡
不要看我
你是誰？
不要碰我
好可怕的聲音
那個人爲什麼
要一直跟我說話？
不要靠近我…

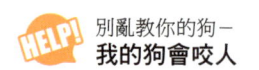

2-1 我的狗需要接受矯正訓練嗎？

　　隨著動物保護的意識抬頭，打破了傳統「狗要從幼犬開始養會比較好教」的飼養觀念，現今有愈來愈多人願意領養成犬。不過，成犬真的比幼犬難教嗎？

　　人類是在充滿教育的環境裡成長，隨著年齡增長，會接受不同面向而且多元的教導，由最初的家庭教育、校園教育到社會教育，每個階段有不同的教育重點。毫無疑問的，人類接受教育是天經地義。

　　我相信，如果讓一位國小兒童去接受大學程度的教育，便是超齡教育，也是不合適的教育。反過來，如果讓一位大學生去坐在國小的課堂上聽課，從造句、造詞、唐詩三百首開始，這也是毫無意義的。在教育這事上，因才施教非常重要。幼犬的性格猶如一張白紙，你給他什麼樣的教育，他就會發展成為怎麼樣的性格。成犬的性格雖然已經定性，但是別忘了，再怎麼熟齡的成犬，其心智成熟度與人類約七八歲的孩子們相仿。

　　幼犬的領悟力低、體力差、專注力無法長時間集中，但是在性格裡沒有累積下來的異常連結，所以性格透明不過份固執，因此，可以給予短時間多頻率的反覆教育。成犬的領悟力高、體力好、專注力可以長時間集中，但是過去錯誤的異常連結根深柢固存在於腦中記憶裡，若再加上性格沉悶或者固執，這種情形下，可以給予長時間少頻率的反覆教育。

　　在我看來，只要會教，幼犬與成犬都很好教。

　　我們訓練狗要在指定的位置便溺上廁所；我們訓練狗不要亂咬家中的家具；我們訓練狗出門散步不要亂撿地上的食物吃；我們訓練狗吃飯要等待有規矩；我們訓練狗聽到呼喚時就要回到我們的身邊……我們每天與狗相處在一起。狗的主人，其實都是狗狗最好的訓練師。

　　訓練與教育在本質上是相同的，差別在於是飼主自己教還是正規訓練師教，是飼主憑經驗、憑感覺來教，還是正規訓練師依照理論、擬定目標，透

過合理合宜的方式來教。

　　狗跟人類一樣需要接受教育，狗接受教育的最主要目的，必須成為能夠融入飼主生活，與飼主共同生活。所以千萬不要打狗，他的生活中不應該充滿暴力。不論飼主是否有察覺，每一位飼主都是狗狗的第一位訓練師，但是當你發現訓練的效果不彰時，或是愈教卻產生愈多的問題時，我會建議，請將狗狗交給正規的訓練師來教。

漢克這樣說

狗都跟人類一樣，需要接受教育。你給狗什麼樣的環境與教育方式，他就會發展出相對應的性格與行為。

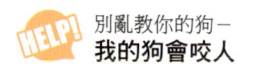

2-2 真的沒有寵過頭嗎？

我們都期許自己是一位好主人

每天我們跟愛犬在一起生活著，我們張羅狗狗愛吃的食物，甚至我們吃甚麼，同時也會分給狗狗吃；出門前依依不捨地跟狗狗道別，回到家時狗狗興奮的熱烈歡迎我們，我們也興奮的對狗狗又親又抱做出回應；我們抱著狗一起坐在沙發上看電視，或是抱著狗一起躺在床上睡覺；帶狗狗出門散步時，我們習慣抱著狗走路，或是讓狗狗坐在寵物推車裡；只要狗狗不喜歡吃了、玩膩了，我們便想盡辦法更換不同的飼料、零食、玩具滿足狗狗；我們默許狗狗出門在外時不繫上牽繩，希望讓他自由自在的走路和奔跑。

如果你的狗聰明一點、自主意識高了一點、抗壓性低了一點、性格再任性一點，那麼，上述這些人與狗之間常見的互動模式，將會在無形之中，間接造成狗狗的各式行為問題。

以矯正行為問題的角度來看，飼主與狗之間正確的人犬位階關係非常重要。

狗向你表達他不愛吃這個食物時，你會想辦法去滿足他的需求，就更換食物去刺激狗狗的味蕾。狗狗藉由你的反應，學習到他可以在這件事上對你做要求，以後只要他不吃，你就會開始頭疼了，給狗狗吃的食物口味愈來愈重，導致狗狗出現了營養不良的體態，甚至於害狗狗患上了胰臟炎。

你出門前依依不捨的跟狗道別，然後回家時又對狗狗做出過度的熱情回應，於是讓狗狗懷著期待感，他期待你回到他身邊，慢慢的他無法自己一個人獨處，他會在你出門的時候，出現焦慮反應，輕微是破壞家具，嚴重就是連續不斷的大聲吠叫，甚至於自殘傷害自己。

你在狗眼中的高度

我們瞭解，狗與狗彼此在區分位階關係時，他們會用前肢搭上對方的身體，互相比嘴巴的大小，看誰的嘴可以包住對方的嘴；或用自己的身體壓在對方的身體上、抱著對方做出騎乘動作。這些，都是狗狗在宣示主權的典型肢體動作。

若狗狗的自主意識高且服從性低，那麼他會去學習支配你，他會向你宣示主權。你抱著狗狗坐在沙發上時，狗狗正在用自己的身體壓著你；你抱著狗狗一起上床睡覺時，狗狗只要站立在床上便可以居高臨下的看著你。有的時候，當你們都熟睡時，你一個翻身碰觸到狗狗，他甚至還會不滿的對你發動攻擊，因為你將他給吵醒了，而且他並沒有同意你可以去觸摸他。

「高度」對狗而言是有存在的意義，當你面對一隻性格緊張但是無攻擊性的狗時，你在他的面前採蹲姿，那麼他的防備心會降低，他會比較願意接近你。家裡有訪客蒞臨時，狗狗衝到訪客的面前大聲吠叫，此時是屬於地域性吠叫行為，當你喝止無效，此時如果把狗狗一把抱起，他一離開地面提高了自己的高度，於是，他就會叫得更大聲、更起勁。相對的，你不讓狗狗落地走路，他習慣被你抱著走或是坐在寵物推車裡，他的高度比起其他在地面上走的狗還要來得高，無形之中，你把狗狗的自主意識給放大了，他在外面看到所有的狗，都會用力地大聲吠叫，即使他只是一隻小小的瑪爾濟斯犬，他仍然會朝著西藏獒犬大聲吠叫，是的，你讓你的狗搞不清楚自己到底有多大。

飼養狗最大的樂趣之一，就是看著愛犬大口大口的吃飯了。有一天，當你看到狗狗不吃飯了，那麼可能代表他的身體不舒服，或者還有一種狀況，除了飯不吃之外，其他什麼東西都吃，那麼就是代表他挑嘴了。

遇到狗兒挑嘴，你的因應方式可能是，想盡辦法讓食物看起來更美味，讓狗看到食物後更有食慾，也許第一次挑嘴時，你拌入了罐頭在飼料裡，第二次挑嘴時，你在飼料裡放了幾塊新鮮煮熟的肉品，狗第三次挑嘴時，你可

能就會跪下來拜託他吃……

　　從餵食的型態，就可以知道你是否有能力在日常生活裡領導你的愛犬，你的態度決定了愛犬的心理素質，他是把他當人看，不過他卻不把你當人看，也許你自己也搞不清楚吧！

漢克這樣說

人是由思想來改變行為，狗是由行為來改變思想。

2-3 居家調整：重新建立起正確的人犬關係

你是否有過以下經歷？

狗狗跟著你一起睡覺，當他熟睡時，你若翻身吵醒了他，他便會對你發動攻擊。

你手上的物品掉落在地時，甚至於你換下來的衣服，都會被狗狗占為己有，你若伸手要跟他拿回來時，他便會對你發動攻擊。

你牽著狗出門散步，都是狗在前方帶著你走，甚至你想要換個方向走，狗狗會衝上來攻擊你。

當你牽著狗狗在外時，狗狗看到了其他的小動物時，他將完全不理你，硬是直直的拉著你往其他小動物的方向衝。若狗狗是大型犬，當你被狗狗拉倒跌落在地時，狗狗仍然直直的用力拖著你跑。

你坐在椅子上吃飯時，狗狗會一直跟你要食物吃，你若不給他吃，他會跳上來搶奪你的食物，甚至於對你發動攻擊。

狗狗在吃飯時，你不能在他的身邊走動，否則他會衝過來攻擊你。

當你準備出門時，狗狗很期待你也會帶他一起出門，你若沒帶他一起出門，狗狗便會破壞家中的物品。

當你要幫狗狗洗澡的時候，狗狗會異常反抗，完全不願意讓你觸摸到他的身體，甚至會攻擊你。

其實與人類一起生活的狗，或多或少都會出現與人之間的不正確關係。若不威脅人的生命安全，也沒有影響到人的生活，我們是可以選擇忽略這些問題。但假使這些不正確的人犬關係，將狗狗的自主意識過度放大，將狗狗的敏感性過度提升，當你已經感到每天跟狗一起相處生活倍感壓力時，甚至於你覺得生命安全受到了威脅時，這種不正確的人犬關係，就必須要去重視了。

帶狗出門散步，往往是最容易建立起人與犬之間各式關係的時候。這時

候，你們之間建立起怎麼樣的位階呢？是你在遛狗呢？還是狗在遛你？

我在幫客戶的狗進行建立正確的人犬關係時，通常，我都會從散步中的腳側隨行開始。不過，有個狀況比較特別，狗如果已經在其他訓練師的課程裡學會腳側隨行，但是卻沒有在腳側隨行的動作裡意識到飼主才是他的領導人，狗狗的心態依然故我，狗狗的自主意識仍然是被過度放大。還有另一個比較特別的狀況，就是狗被飼主暴力對待過頭了，導致狗一見到飼主就異常反感，甚至於對飼主產生強烈的攻擊行為。

基於這兩個特別的狀況，進行單純的腳側隨行訓練已經無濟於事，我會做出不同的調整方式。

針對第一個特別狀況，我會先去瞭解前一任訓練師對狗的腳側隨行做到何種程度，例如我做出假動作假裝跨出第一步，狗是否能夠發覺；我在行進路線上的變化，例如跑步後急停、蛇行向右走時，狗是否會立即跟上我的腳步和行進方向，蛇行向左走時我的腳是否會去接觸到狗。狗是否能夠配合做出這許多細膩且富含變化的動作。這些是我教一隻已被其他訓練師教過的狗，再進化再調整的技巧，如此一來，矯正仍然可以成功，重新讓狗意識到飼主才是他的領導人。

針對第二個特別的狀況，就需要跟狗進行一些心理戰了。我會讓狗抽離環境，離開飼主來到犬舍，利用新環境帶給狗的不安全感來佈局，同時進行服從訓練來提高狗的穩定性和降低狗的敏感度。請飼主每一週或是每兩週過來犬舍探視一次。此時，狗一見到熟悉的飼主出現，通常狗的心情是愉快的，在這個階段，我不會讓飼主伸出手來接觸狗，避免產生過去不良的連結記憶。當狗的情緒仍處在高昂熱情的情緒裡時，我會馬上終止探視，馬上將狗帶離開飼主，並將狗關入籠內。這個時候，狗會出現失落情緒，但也會因此加強狗對飼主下次再度出現時的期待感。在下次飼主出現時，我可能會請飼主親自開籠門將狗帶出來，但是仍然是由訓練師帶狗離開飼主再關回籠內。利用這樣的心理戰，來重新加溫狗對飼主的感情依戀，在感情關係重新建立起來後，再輔以服從訓練，讓狗開始學習服從飼主。同時也再三告誡飼主不得再

暴力相待，人與犬之間的感情關係，就會成功的重新建立。

幾年前，有個學生的狗會咬陌生路人，尤其是會咬身形高大魁梧的陌生男性。

於是我前往臺南藝術大學訓練矯正這隻狗，並在三個小時之後將狗的攻擊行為給教好了。同時，我也囑咐這位學生務必要每天按照我的教學方式持續複習訓練矯正，狗的性格才會持續保持，變得愈來愈穩定。

後來，學生再度跟我聯繫，說在他大學畢業後，帶著狗回到了桃園的家。這隻狗居然會對他的父親警戒與吠叫，但是當他的父親朝著狗走過去，狗卻又會閃避讓路給父親通過。

突然之間，學生領悟了一件事情，他的父親身形高大魁梧，言行舉止之間透露著不容忽視的威嚴，他的狗會害怕他的父親，卻又不敢正面攻擊衝突，正如同學生他自己的心境一樣。也就是說，這位學生在狗的身上看到了他自己！

俗話說「棍棒出孝子」，有很多飼主的原生家庭或許是在家長採用高壓教育、打罵教育的環境裡成長的。當他們自己開始飼養狗之後，很容易會將自己原生家庭的教育方式，套用到狗的身上，但是請謹記一點，雖然都是教育，但是教育狗與教育孩子之間有很多方式和手段都不盡相同，請不要用人類的眼光來看待狗的行為教育。

飼主的情緒感染力

我們每一個人都有著各自不同的情緒，然而大家是否知道？你的情緒反應會直接影響到狗兒的情緒。舉個例子，你今天過生日，當你開開心心的回到家時，你的狗也會開開心心的歡迎你回家；你今天工作不順心，當你心情沉重的回到家時，原本開開心心歡迎你回家的狗，卻突然變得比較安靜。俗話說，狗是人類最好的朋友，那是因為狗會懂得察言觀色，尤其是聰明的狗，他甚至會去思考、去判斷你在想些什麼！

大多數的訓練師在教狗時，都會想盡辦法讓狗能夠順利的產生訓練連結，

例如零食誘餌的獎勵、響片的聲響，甚至於口語上的稱讚，都是能夠讓狗產生連結的方式。然而大多數我教的狗都具有攻擊性，是會咬人的狗，當我在教狗的時候，往往我會採用無聲訓練、無零食誘餌的訓練。也就是說，一整個訓練的過程中，我都不會出任何聲音、不會給任何零食，來增加狗對我所要求的訓練作出連結。

我之所以會採用無聲訓練，包括了除去零食誘餌的獎勵，那是因為凡是對人類具有主動攻擊性的狗，都具有幾項特質，那就是目中無人和高度的自主意識。

我相信在日常生活中，飼主不會少給了零食誘餌，也不會少給了口語稱讚，因此我會反其道而行，故意要挫挫狗的銳氣。無聲訓練的好處是狗會更加的專注於我，狗會努力的去配合我所給予的訓練要求，而且，狗會期待我給予他一個小小的稱讚。我亦不採用高頻語調和誇張的肢體手勢動作，來讓狗明白我的情緒是歡愉的、讓狗明白我喜歡他的表現，因為一切的訓練矯正，終究都要回歸到正常的日常生活中。在日常生活中，平凡與平淡才是常態。

若說訓練師是人與狗之間溝通的橋梁，那麼我手中掌握的牽繩，就是我與狗之間溝通的橋梁。

在牽繩搭配步伐的訓練中，當狗開始專注在我的身上時，不論是牽繩的位子、牽引的力量、步伐的快慢、行進的方向等等，全部都需要狗細心去察覺這其中細膩的變化，並且去服從我所給予的各項要求。

無聲訓練的另外一個好處是，狗不會認為你給予獎勵是應該的，更不會讓狗認為你是在用零食誘餌與他進行條件交換，有做動作就有得吃，但沒得吃時就不理會你了！

上述說到，你的情緒反應會直接影響到狗狗的情緒，所以在進行訓練矯正時，還有一點也是相當重要，那就是訓練師的情緒。

我在進行訓練矯正時，我的情緒會處在相當平穩的狀況下，既不特別開心、也不緊張不害怕，一直都處在平穩、平靜的情緒中，這種情緒會直接地影響到狗的情緒表現，把狗給教穩教沉後，自然狗的服從性會提高、穩定性

也會跟著提高，而敏感度也就隨之下降了。

眼神的交會是很重要的一環

　　古語有云：「美目盼兮，巧笑倩兮」，這是在描述古代仕女秋波似水、水靈晶透的眼神，有沉魚落雁之美，讓人心馳神往。中國自古便有眼睛是靈魂之窗的觀念，認為在人的五官之中，雙眼是最能傳達一個人的情緒與思想的。

　　因此我在教狗時，當狗的專注力高，當狗抬頭看著我的時候，我會用我的眼神給予回應，我會用我的眼神告訴狗狗，你做得很棒。無聲、無零食誘餌與聲響的獎勵，只有輕描淡寫眼神的交流，這一切都在考驗訓練師的技術，也同時在考驗狗狗對於訓練師的專注力，讓訓練師平穩的情緒去影響狗的情緒，讓衝動、敏感、易怒的狗得到一個平穩發展的情緒。

覆蓋新的性格與新的連結

　　什麼是行為矯正成功？就是訓練師在既有的性格上，覆蓋一個新的性格給狗，或者可以說是覆蓋一個新連結給狗。

　　我來簡單的舉例說明，如果狗被你寵壞了，吃飯時都不願意乖乖進食，總是東挑西揀愛吃不吃。你聽從訓練師的建議，每次在餵飯時，狗若不吃，就把飯碗收起來，並不給予任何零食，隨著時間經過、次數多了之後，狗狗將不再挑嘴，每餐都乖乖進食。

　　這就是你覆蓋了一個新的連結給了狗狗，他的認知是，他如果不吃這碗裡的飯，就不會有其他東西可吃，你也不會在碗裡添加其他的食物。而且，若不趕快吃完這碗飯，再等一會，整碗飯都會被收走，什麼都沒得吃了。所以，他就死了心，認命的乖乖進食。

　　你成功的覆蓋了一個新的性格、新的連結給了你的狗。但是，請明白，舊有的性格、舊有的連結，依然存在於狗狗的記憶裡。只要你一有鬆懈，軟化了對狗的餵食態度，他就會想起過去記憶，他可能會再嘗試看看能否再次挑戰你，用來得到他想要的特別加料或是零食。

針對被飼主暴力對待打壞了的狗，而產生攻擊咬飼主的行為矯正，也是一樣的道理。

　　訓練師把狗給教好教穩之後，訓練師成功的建立起飼主與狗之間新的和善關係。假設，日後飼主再次暴力對待狗狗，那麼將喚醒狗狗過去種種不良的記憶連結，讓狗狗再次陷入過去緊繃的情緒。這個時候，訓練師曾給予的新連結，將會被過去不良的連結給覆蓋掉。於是，舊事重演，狗狗又開始攻擊咬飼主。

　　一隻訓練成功的狗，必須給予複習訓練，並將複習訓練融入日常生活裡。過去對待狗的種種錯誤方式，就絕對不要再出現了。如此一來，便可以延長訓練矯正的有效期，並且隨著時間經過，訓練矯正後的根基會愈來愈牢固，穩穩的永遠覆蓋在舊有的性格之上。

漢克這樣說

> 人與狗之間的關係，首重彼此的感情關係，再來才是位階關係。

居家生活的提點

🦴 人狗共處的生活中，有許多容易造成狗狗異常行為的盲點，以下這幾點是我的叮嚀：

1. 不要鏈著、綁著養狗，這容易造成狗的性格愈來愈敏感。
2. 低樓層住宅，不要將狗養在門口、窗邊和走道旁邊。
3. 高樓層住宅，不要將狗養在走道旁邊。
4. 不要將狗養在電視機旁邊。電視裡的高噪音，以及家人頻繁走動喧鬧的聲音，讓性格敏感的狗，無法好好休息和睡眠。
5. 出門不要跟狗說再見，回家不要跟狗又摟又抱，過度親密。
6. 學會對狗做出忽略動作，連瞄一眼都不要。
7. 要時常帶狗出門散步。
8. 不要讓狗拉著你在路上跑。
9. 要進行籠內訓練，這無關乎是否要關籠飼養。
10. 外出散步請一律使用牽繩。
11. 公園空地讓狗放風自由活動時，注意不要讓狗狗受其他的狗攻擊，若你無法判斷這個環境中是否安全，那麼請勿輕易鬆開手中的牽繩。一旦狗被其他的狗咬過之後，很容易發展為膽怯性格，或是相反地，變成攻擊咬狗的性格。
12. 慎選訓犬師與洗澡美容的寵物美容師，暴力打狗是人類的劣根性，尤其這類會近距離接觸狗狗的從業人員，千萬別讓暴力對待有機可趁。
13. 不要暴力打狗，尤其是性格獨特的狗，例如常見的鬆獅犬和柴犬，他們只會愈打愈敏感，愈打變得愈兇猛。
14. 不要胡亂餵食你自己認為狗愛吃的食物。

⑮ 不要沒事就去抱狗，狗太容易得到你的稱讚與鼓勵，並不是好事。
⑯ 聽到電話聲和電鈴聲，請神色自若，態度從容的去回應。
⑰ 不要讓狗咬著玩具去找你丟給他玩，尤其是主觀意識高的狗，要知道，這個動作其實是他在命令你跟他玩。
⑱ 不要限制狗的進食份量，該吃多少就餵多少，讓狗挨餓不是正確的訓練前置方式。
⑲ 不要限制狗喝水。
⑳ 當你發現狗開始會低鳴警告陌生人，或者當你確定狗會咬陌生人，此時，請尋求正規訓犬師的協助，不要自己教，這類異常行為已經超出你的能力控制範圍。
㉑ 不要認為所有的異常行為，透過狗年齡增長就會自然消失。
㉒ 沒錢的人不建議養狗。
㉓ 沒時間的人不建議養狗。
㉔ 最令我困擾倒不是教一隻會咬人的狗，而是飼主無法配合我的要求。
㉕ 同時飼養兩隻以上的狗稱為多犬家庭。在多犬家庭裡，若狗有異常行為，建議是全部的狗都要一起接受矯正訓練，例如集體吠叫和打架互咬。訓練費用也將會與狗的數量成倍數正比。
㉖ 多犬家庭，對待每一隻狗的態度要一視同仁。
㉗ 不要讓狗過度自由，規律生活對其性格發展相當重要。
㉘ 性格容易緊張的人，說話音頻高音尖細的人，不要飼養較具敏感性格的小型犬，例如吉娃娃、貴賓犬等。

🦴 狗失控需要行為矯正的時候：

1. 如果你需要訓練師協助狗狗矯正的服務，請付費，請尊重這種專業技術。不要跟訓練師殺價，尤其是養了多年的狗會攻擊咬人需要受訓時，要知道，訓練師是拿多年的血淚經驗在教，是冒著生命危險在教。
2. 我的原則很實在，經過詳細了解狀況後，若是判斷狗不需要受訓，我會直接在電話裡免費教學指導。
3. 不是每一位訓犬師都會教導狗的行為矯正。
4. 不是每一位行為矯正訓練師都會教咬人的兇猛犬。
5. 若見到訓練師暴力對待狗狗，例如壓制狗，又或者把狗懸空吊高，請立即終止訓練。

2-4 服從訓練：誰握領導權？

　　前文曾經提到狗是具有領袖意識的動物，尤其當一群狗在一起生活時，我們不難發現這當中有所謂的「狗王」。狗是可以習慣群體生活的動物，當狗與飼主一同生活時，狗與飼主之間便形成了一個小群體，狗與狗群體生活當中會產生一個領袖，狗與人的群體生活中亦然。這個領袖有可能是自然而然發展出來，也能透過人為介入去建立。

　　或許你會問，飼主每天餵狗吃飯，每天帶狗出門散步，每週幫狗洗澡吹毛美容，狗狗難道不會認為飼主就是領袖嗎？實際上不然，領袖的定義與服從性有直接相關。

　　餵狗吃飯時，狗是否有乖乖坐好，等你下達口令後才開動吃飯？帶狗出門散步時，狗是否有依照你行走的速度跟隨著你？幫狗洗澡吹毛美容時，狗是否有完全安靜不動讓你順利進行？

　　飼主若掌握不到領導權，那麼在日常生活裡，就很容易會反過來變成了狗在訓練你去對他服從，狗會想要成為你的領袖。餵飯時，狗會叫你趕快拿飯給老子吃；出門時，狗會叫你動作快點，老子要出門散步；狗會拒絕你，叫你不要強迫老子洗澡吹毛美容。

　　我們在教狗，注重的是狗對人的服從性，但是這個服從性，並不是指狗會坐下、握手、趴下之類的才藝動作，而是狗發自內心，真真實實的對人服從。「腳側隨行」是服從訓練裡最根本的訓練。你走得慢時，狗就慢慢走；你走得快時，狗也會快步走；你要轉彎、要上下樓梯、要停下來，狗永遠都跟隨在你的腳側，不會亂跑也不會亂動。

　　出門散步是日常生活，在每一次的出門散步時，都要進行腳側隨行的要求。從硬繩的控制狗跟隨開始，進階到軟繩，甚至無繩的時候，狗都會自發性跟隨。在走、停、快、慢、轉之間，狗永遠都將專注力放在你身上，狗不會低頭嗅聞，也不會拉著你去追其他的小動物，或是去追汽機車，更不會看

到其他陌生人就大聲吠叫。在這樣的牽引之下，狗的穩定性明顯提高，對於外界環境所帶來的刺激敏銳度明顯降低，這個形況，就是狗對你產生了服從，也才是人真正開始掌握了領導權。但是請注意，這只是一部分的服從性與領導權，服從性的表現是在各項日常生活中，因此也可以這樣理解，服從性的訓練必須要融入到日常生活裡。

服從訓練的定義與技巧運用

服從訓練，對於一位訓練師而言是最根本的技術，它就像是廚師在於刀工的技術一樣，看似平淡無奇，實則富含功夫質量在內。例如鮭魚生魚片，一整隻鮭魚從去頭除掉內臟、切除魚皮開始，依照肉質部位裁切分區，挑刺不帶肉，切片時每一片的厚度大小都完全均整，甚至於講究一點的廚師，連刀都要先冰鎮後才下刀切魚。技術好的廚師切生魚片的手法很俐落，不同的魚種必須使用不同的刀，絕對不能一刀走天下。

通常擁有異常行為的狗，會有幾個共同點，一是性格敏感，二是自主意識高，三是與人的位階關係不正確。服從訓練裡，最基本的要求，一是無條件的腳側隨行，二是無條件的原地等待，三是無條件的遠距離喚回。擁有異常行為的狗，完全做不到這些要求，若能透過服從訓練讓狗理解我們所要傳達的要求，那麼性格敏感的狗將不再敏感，自主意識高的狗將意識到自己是狗而不是人，與人的位階關係不正確的狗，將回復到與人之間的正確上下主從關係。

訓練師將狗帶在身邊時，不論是走動或是停止，不論是奔跑，或是訓練師突然消失不見，狗的專注力能否放在訓練師身上，甚至懂得耐心等待訓練師再次出現，是整個服從訓練裡的精髓所在。這樣的服從訓練成效，不會是一朝一夕能夠看見的。我認為，在犬隻異常行為矯正的領域裡，端看一隻狗服從性的表現，就可以看出該訓練師的技術火候是到達什麼樣的程度。

我是武術選手出身，在武術集訓期間，每天接受訓練的時間超過八個小時，跟上班族每天工作時間一樣。在當時，武術就是我的工作。但是，訓練

狗完全不能依照此原則比照辦理，絕對不能過度積極的連續好幾小時不間斷訓練，但訓練也不能過於鬆散消極。訓練過度必會出現反效果，讓狗排斥訓練，而鬆散的訓練則無法出現效果。

為狗進行服從訓練的第一要點，首先要考量狗與訓練師之間的關係熟悉程度，若是狗的性格敏感不易親近人，那麼就不適合在第一次見面時就給予嚴格的服從訓練，此時，訓練進行方式應該是緩慢漸進的。

即使是面對同一隻狗，每一位訓練師的教學方式和步驟也不會相同，所教出來狗的狀態當然也不會相同。以我來說，服從訓練有區分基本服從（有繩）與高階服從（無繩）。在行為矯正裡，通常腳側隨行會採用基本服從的水準在要求；在原地等待與喚回時，則會採用高階服從的水準在要求。

在我的標準裡，狗在達成腳側隨行的成果要求，是在腳側隨行訓練時，牽繩必須呈現完全鬆軟的狀況下，狗仍然會依照人的腳步來回走動跟隨。走動的速度有快有慢、有轉彎、有停有跑、有上下階梯、有上下斜坡，且訓練期間只須口頭獎勵，而不須使用零食誘餌獎勵引導。軟繩牽引這個部分是高階服從訓練裡無繩腳側隨行的前置訓練。

狗在達成原地等待訓練成果要求，是牽繩必須離開人的手，人必須遠離狗，狗必須在開放環境、充滿人車與狗貓等干擾因素下，呈現立姿、坐姿或是臥姿等待不動。狗在達成喚回訓練成果要求，是不論人與狗的距離有多遠，都只需要喚回一次，狗就會快速且開心的跑回來人的身邊。

漢克這樣說

餵狗吃飯的不見得會是主人，會跟狗玩的人，狗比較會當你是主人。

2-5 減敏訓練

　　就字面上來看，減敏訓練是「降低狗對人事物刺激敏感度的訓練」，這個刺激物可能是外界傳進來的聲響，可能是人去觸摸狗某個特定部位，或者是狗的個性本身對外界環境感到害怕緊張，一出門就東躲西藏，一副被害妄想症的模樣。

　　減敏訓練的原則有二，一是依照讓狗敏感的項目，刻意去反覆不斷製造這種刺激，直到狗麻痺無感為止。二是依照讓狗感到敏感的來源，人為製造出讓狗感受到安全無威脅的環境，直到狗適應為止。

　　以狗對人手敏感的護食攻擊行為減敏訓練為例，我們可以這樣進行：準備二十碗飼料，從第一碗開始給狗進食，接著給第二碗，再來給第三碗、第四碗……直到給了二十碗飼料為止，每一次當你的手出現在狗的面前時，都是拿碗給狗，當練習的時間久了、次數多了之後，狗就不會在意你的手了，這就是給予反覆不斷的刺激，直到狗麻痺無感為止。

　　若以正在進食的狗會對人的走動感到敏感，衍伸為驅逐護食攻擊行為減敏訓練為例，我們可以這樣進行：幫狗進行籠內訓練，直至狗兒習慣籠內空間，且視為安全可放鬆的空間，然後讓狗在籠內進食。進食期間，你可以自然走動不刻意去看狗，當練習的時間久了、次數多了之後，狗不再感到受到人的威脅，你的走動便不會引起他的驅逐護食攻擊行為，這就是人為製造出讓狗感到安全無威脅性的環境。

　　有些狗出門在外時，對外界環境感到異常驚恐害怕，沒辦法好好走路，總是神情慌張、膽怯，想盡辦法東躲西藏，我們該如何進行減敏訓練呢？

　　狗的社會化訓練有三項，一是狗對狗的社會化，二是狗對人的社會化，而上述這個案例就是第三項狗對環境的社會化。值得一提的是，狗對環境的社會化不足，與狗對人的社會化不足是可能同時並存的，意指狗在室外環境中對來往的車輛、車輛的聲響，以及同時對來往的行人感到異常的敏感或是

害怕；而狗對人的社會化不足則是單獨抽離出來的項目，例如狗在室外環境中看到陌生人，會主動衝上前對陌生人大聲吠叫，甚至作勢要攻擊陌生人。

當你的狗出門在外時，顯現出性格異常警戒與膽怯的話，就代表他需要進行對環境和對人的社會化減敏訓練了。

通常這樣性格的狗，在家裡的情緒表現都十分正常，但只要一離開家裡大門，就全部變了樣。我們可以先自固定遛狗路線開始，這個路線距離可以大門為中心，出門之後向左拐十公尺，緊接著就回家，每天出門數次，每次都是向左拐只走十公尺的距離。反覆不斷的刺激，直到狗麻痺無感為止。狗麻痺無感時，就表示狗已經對這個方向、這個路線、這個距離感到習慣了，猶如在自己家裡的環境一樣熟悉，接下來做的，就是慢慢將距離與出門的時間拉長。

膽怯性格的狗，我們也可以採取相同作法。首先要在室內環境完成籠內訓練，讓狗對籠內空間產生安全感。接著，連狗帶籠推出去放在室外，讓狗待在已有安全感的籠內空間裡，去適應讓他感到不安的籠外環境。慢慢的，狗對於外界環境的敏感性就會開始降低。這就是第二例，人為製造讓狗感受安全無威脅性的環境，直到狗習慣適應為止。

總而言之，減敏訓練的目的，是要讓狗感到自然而習慣。

還有更多、更複雜的各式各樣敏感狀況，建議諮詢合格的訓練師，讓訓練師帶領進行正確的方式與步驟非常重要，若方式或是步驟不正確，很容易造成反效果，很有可能導致狗對原本令他感到敏感的事物，感到更加的反感。

漢克這樣說

進行減敏訓練時，需要花費很長的時間，正確的執行方式和步驟是成功矯正的關鍵。

減敏訓練

依照令狗感到的敏感的狀況,而給予反覆不斷的刺激,
直到狗麻痺無感為止。

第一步：設定減敏訓練的項目。

第二步：建立減敏訓練的刺激程度,由低刺激、中刺激至高刺激,並且確認操作的步驟。

↳ 狗若未適應未習慣,退回上一步,並且修正刺激強度與操作步驟。

第三步：進行低刺激的減敏訓練,依照步驟反覆練習,讓狗麻痺無感且習慣。

↳ 狗若未適應未習慣,退回上一步,並且修正刺激強度與操作步驟。

第四步：進行中刺激的減敏訓練,期間需穿插低刺激的訓練在內。中刺激的比例由少至多,低刺激的比例由多至少,依照步驟反覆練習,讓狗麻痺無感且習慣。

↳ 狗若未適應未習慣,退回上一步,並且修正刺激強度與操作步驟。

第N步：進行高刺激的減敏訓練,期間需穿插低刺激和中刺激的訓練在內。高刺激的比例由少至多,低中刺激的比例由多至少,並且增加高刺激的持續時間。依照步驟反覆練習,讓狗麻痺無感且習慣。

成功

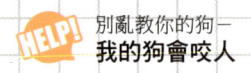

狗狗為什麼不喜歡擦腳

🦴 狗狗為什麼不喜歡擦腳

在都市裡，大多數的狗跟著飼主一起進入家門內，跟著飼主一起生活。有些狗的性格是和善親人的，有些狗則否，他們可能平常時看似正常，但在性格裡卻隱藏著一個未爆彈。比較常見狀況是，狗要進入家門前，飼主會幫狗擦拭四肢包括腳底，飼主未預期的反應就會在這個時候出現。

當飼主抓起狗的腳，狗警戒的直盯著你的手部動作，這表示他介意你去觸摸他的腳，性格好一點的狗會忍耐著讓你繼續擦腳，但是性格敏感的狗，可就會對你發動攻擊了。一般而言，狗狗身體最末端都是較敏感的部位，除了四肢之外，還有吻部（包含牙齒）、耳朵、大腿後部和尾巴，當這些敏感的部位被觸摸時，常常會連帶引起攻擊反應。

幼犬的性格如同一張白紙，你給予什麼樣的教育，幼犬就會發展成為相對應的性格。你在狗狗年幼時，即讓狗習慣刷牙、徒手握嘴、徒手扳開嘴巴、擦拭身體擦拭四肢、擠肛門腺等等碰觸身體各部位的動作，重點是在施作同時，你的情緒是平穩的，你的手法和力道是簡潔溫和的，那麼，當狗長大後，自然對這些動作都習以為常、不以為意。

但是如果你在施作這些動作時，加入了自己的不良情緒，也許是你的力道過大，也許是對狗做出責打的暴力行為，甚至將狗強迫壓制在地，讓他動彈不得。那麼，狗狗自然會在你的這些觸摸動作裡，連結到這許多不愉快的記憶。當狗的年齡成熟，發現他擁有足夠的力量去挑戰你時，他就會開始排斥這些動作，進而對你產生攻擊。

若你收養的是成犬，通常他的性格會處在較敏感的狀態，建議收養

的前兩週，不要對狗施作過多動作，只要正常的人道飼養管理，待狗自己消化了種種過去不安的情緒，並且與你培養出感情後，再開始施作。施作初期，可以利用遊戲的方式來測試狗狗身體末端的敏感度到什麼樣的程度。

如果狗的行為看似一切都正常，唯獨不喜歡讓你擦拭四肢，而你並不打算進行減敏訓練，我會建議不要用強硬手段強迫，有一個折衷辦法，放一塊踏腳布在門口，讓狗在進家門前，反覆不斷地在踏腳布上來回走動，藉以擦拭四肢與腳底。

若認為需要進行減敏訓練，請飼主先觀察搜集，平日裡你與狗狗的互動模式，例如散步時，狗會拉著你走；餵飯時狗會一直吠叫；你坐著狗就坐在你的腿上；你躺在床上狗就睡在你的枕頭旁等等，這些都是看似正常，卻是不正常的互動模式。

這些行為在狗狗的心裡十分明白，他在用他自己的方式，建立他與你之間的位階關係，他在支配你，他在壓制你，他在用居高臨下的角度看著你。

訓練師必須對狗有著敏銳的觀察力，必須能夠看穿狗狗的各種心思。我在給予擦拭四肢的減敏訓練前，並不是採用頭痛醫頭、腳痛醫腳的方式直接進行，而是必須用迂迴的方式，先進行狗對人的服從訓練，當狗對人的服從性提高之後，自然狗的穩定性也會提高，此時，才能夠開始進行減敏訓練。

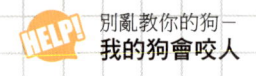

狗狗為什麼不喜歡戴口罩

可能有人會不禁想要反問，如果狗的行為狀況正常、身體健康，為什麼一定讓狗狗習慣戴口罩？

是的，如果狗的一切狀況都在正常範圍之內，的確沒有必要讓他戴口罩。但是如果狗生病或是受傷了，需要去獸醫院看診，需要讓獸醫師觸診檢查，甚至要清創傷口，這時候，身體不適的狗，在情緒上都是格外緊繃的狀態，陌生人碰觸帶來的恐懼，可能會引發攻擊獸醫師或醫療人員，妨礙獸醫師順利看診檢查，以致於無法正確給藥或處理。

讓狗習慣配戴口罩是保護獸醫師，同時也是保護狗狗自己，除了獸醫師，還有寵物美容師，保護近距離接觸狗狗的服務人員。

有些狗從來沒有配戴過口罩，通常在第一次配戴口罩，反而可以很順利的配戴上去。這裡所指的第一次，是狗狗生病受傷時，在獸醫院看診時第一次配戴口罩，但是第二次要再幫狗狗配戴口罩時，卻被狗狗抗拒而戴不上去了。

這是因為第一次配戴口罩的受挫經驗，讓狗感到非常不舒服，他可能被壓制住打針或是抽血，或者可能被強迫固定住照 X 光，種種不適的連結，讓狗無法用自己的武器（牙齒）去攻擊阻止侵入性、強迫性的診療動作，第一次配戴口罩是狗狗在完全不知情的情形下被騙了，第二次、第三次、第四次要配戴口罩時，我們便會發現愈來愈困難。

狗狗反抗戴口罩的反應有些較溫和，有些則是很激烈。溫和是指口罩戴上後，狗立刻將口罩給撥弄下來。若試圖將口罩綁緊一點，狗就會反覆不斷的撥口罩，狗變得緊張，加上激烈動作，使得狗的呼吸急促、體溫升高，如此都會增加了獸醫師的看診難度。若是反抗激烈的狗，他一見到你拿著口罩接近，他就直接開咬攻擊口罩，甚至於直接開咬攻擊

你的手。

　　在我的教學經驗裡，有些狗因為被飼主暴力強制戴上口罩後，再加上一頓狠打，讓狗既無法大聲吠叫，也無法自衛攻擊，一次次累積下來，狗的性格除了愈來愈敏感之外，一見到口罩就想起被飼主暴力對待，整隻狗立即處於高度戒備的狀態。

　　對於已經無法為其配戴口罩的狗，我們該如何進行減敏訓練，讓狗可以穩定的配戴口罩呢？

　　在我的教學步驟裡，口罩的減敏訓練不適合單獨進行，它必須安排在感情培養和服從訓練之後。當狗信任並服從訓練師後，自然穩定性會提升、敏感度會下降，此時的狗，若對口罩的惡性連結不強烈的話，通常這個時候都會願意配戴口罩。但若是狗對口罩的惡性連結異常強烈時，訓練師就要特別安排，單獨為狗進行配戴口罩的減敏訓練。

　　在日常生活裡，我會用口罩作為容器，故意把食物裝在口罩裡面，目的是為了讓狗主動將嘴伸入口罩裡。起初狗會排斥口罩接近，而攻擊咬口罩，甚至企圖咬訓練師拿口罩的手，但是請耐著性子等候，慢慢的，狗會卸下心防，願意將嘴伸入口罩內取食，這是第一個步驟。

　　我會觀察狗的取食動作，決定是否要進行第二個步驟。

　　若狗將口罩內的食物叼咬出來，離開口罩再吃下肚，那就要持續第一個步驟。若狗是直接將嘴伸入口罩內，頭也不抬的進食，那麼就可以進入第二個步驟，在室外服從訓練時為狗戴上口罩。

　　訓練師在室外進行服從訓練牽引，為狗狗配戴口罩，此時只要單純將口罩套入狗的吻部，而不綁上固定帶，並很快的在大約 0.5 秒內地取下口罩，目的是要狗習慣吻部被口罩套入的動作，這不單純只是口罩減敏，還包括了對拿著口罩的手進行減敏。

　　隨著套口罩的時間慢慢增長，訓練師會再操作用口罩來按壓狗狗鼻子的動作，壓鼻子的力道由輕至重，目的是為了讓狗狗適應這個最後的階段，綁上固定繩伴隨而來對鼻子的壓迫。為了讓狗去習慣這樣的壓迫動作和力道，

這是第三個步驟。

當前面三個步驟完成後,訓練師會開始在套口罩的同時,上下左右前前後後移動口罩,目的是為了讓狗習慣來自於不同角度、不同力道的配戴口罩動作,這是第四個步驟。

第五個步驟就是綁上固定繩了,通常前面四個步驟都完成後,第五個步驟便能輕易完成,這還不是最後的步驟,因為口罩雖然成功配戴上了,卻還要能夠讓狗戴得久和戴得習慣才行。

最後的步驟是,牽引著戴上口罩的狗進行各式各樣的訓練動作和散步遊戲,期間可能需要去阻止狗狗試圖用前肢撥弄口罩,讓狗狗愈來愈習慣配戴口罩,觀察是否即使在戴著口罩的狀況下,狗狗的呼吸頻率和情緒狀況都十分正常,到這個程度,便完成了戴口罩的減敏訓練。

狗狗為什麼不喜歡剪趾甲

狗狗的趾甲如果放任不管，尤其是狼爪部位，如果任趾甲愈長愈長，過長的指甲會呈現螺旋狀朝向左右分開，狼爪部位的趾甲則會反勾插入肉裡，嚴重時甚至會自肉裡再回插長出來。

如果狗狗過長的趾甲長度超過腳底肉墊，又長期住在硬質地板的環境中，過長趾甲會造成狗狗行動不便，甚至因而打滑跌倒，造成骨折脫臼。以相同長度的趾甲來說，狗狗若是生活在草坪泥土地，在鬆軟的地面上，長趾甲具有良好的抓地力，如同田徑選手穿上釘鞋，在軟質的 PU 跑道上更能發揮好的能力，但是在一般的硬質道路上，卻是舉步難行。

狗狗的趾甲內有血管，血管會隨著趾甲生長而生長，若狗狗在剪趾甲時都是剪至血管前，這個血管會隨著狗的年齡增加變得愈來愈長。生活起居在室內的狗狗，只要在走路時趾甲會敲擊到地板，便屬於仍然過長，就有必要再剪更短，請務必交由專業寵物美容師來處理，如果不得已要剪到血管的話，專業的美容師會用止血粉來處置傷口。

值得一提的是，若是二至四個月齡的幼犬，自小剪趾甲便會斷血管，那麼成犬後，趾甲內的血管也就不會隨著趾甲生長變長。若是趾甲和血管已經都長到超過肉墊的成犬，需要仔細評估斷血管的風險，通常血管管徑粗大的趾甲，我不建議在清醒時採用斷血管的剪法，可能要利用麻醉洗牙同時，再來斷那口徑粗大的血管，避免狗狗過於痛苦。

我們要瞭解，狗狗不愛剪趾甲是很正常的事，但是若敏感到一見到趾甲刀就大聲吠叫、抗拒掙扎，甚至於攻擊開咬，那麼便需要進行狗對剪趾甲的減敏訓練。

一般而言，狗有十八根到二十根的趾甲，在為其進行減敏訓練時，

必須先一一謹慎確認趾甲內血管長度的位置，千萬不可以剪到血管，徒增狗狗痛苦而更加排斥剪趾甲。

　　首先，要先讓狗習慣你去觸摸他的每一根趾甲，同時也要讓狗習慣你去擠壓他的每一根趾甲，在剪趾甲時，我們必須按壓住肉墊的止血點，並將趾甲壓擠出來。

　　若是一見到趾甲剪，狗馬上呈現緊張防備的狀態，請多準備幾支趾甲剪，分散放在狗狗生活環境和睡覺的睡窩處，讓狗狗看趾甲剪看到習慣。

　　再來，可以在牽引訓練時用拿著趾甲剪的手，去稱讚狗表現良好，讓狗狗對拿著趾甲剪的手建立新的連結，取代過去惡性的連結。

　　最後，是將每一根趾甲分為三刀來剪，左斜剪一刀，右斜剪一刀，正中剪一刀，進行減敏訓練時，每天每次只剪一刀。由於趾甲的生長速度很慢，因此，十八根至二十根趾甲乘以三倍下刀次數，那麼你將有五十四次到六十次的減敏訓練可以練習，也就表示，將近有兩個月的時間，能讓你進行剪趾甲的減敏訓練，直到成功為止。

2-6 籠內訓練

　　現代人飼養狗，若是飼養在室內裡，總是希望狗跟人一樣，在家裡讓狗自由走動，但是對於有異常行為的狗來說，給狗過度的自由並不是件好事。

　　我們要知道，每一個異常行為背後的原因，全部都是環環相扣，比如說你很少帶狗出門，剛好你住在比較低的樓層，也許是一整排隔間套房的頭幾間。那麼，不知不覺裡，狗狗便會對自己居住的環境產生地域性，輕則一有風吹草動的聲音，也許是馬路邊有人說話大聲了一點，也許是鄰居下班回來走在走廊裡，就會引起狗狗的吠叫。這個外來的聲音愈接近狗狗的位置，狗狗也會吠叫的愈大聲、愈急促。再者，到家中拜訪的訪客，或是宅配員、郵差來了，狗狗若性格再敏感一點，很容易因為感受到地域性被侵犯，而產生攻擊行為。

　　進行籠內訓練，可以縮減狗的地域性，避免掉很多惱人的吠叫和攻擊行為。

　　進行籠內訓練前，我們要先挑選一個堅固的籠子，也可以是狗屋，籠子或是狗屋的材質只要堅固耐用即可，但是不建議使用圍片式的圍籬，圍片式圍籬不適合的原因在於沒有屋頂。頂蓋或屋頂在籠內訓練裡，是相當重要且必備的一種結構要素，它可以避免狗攀爬，或者避免狗跳躍逃脫。

　　對於性格敏感的狗，籠子安置的位置不要在電視機旁邊，也請將籠子遠離大門，住在低樓層的飼主，建議要將籠子遠離窗戶旁邊。

　　狗是穴居型動物，當籠內訓練完成後，籠內對於狗而言不再是限制活動，而是提供了一個絕對安全的領域，就像具有雷雨恐懼症的狗，總會在下雨打雷時拼命地往椅子、床底、衣櫃，或者空紙箱裡鑽，就是因為有遮蔽包覆的環境更能夠讓狗擁有安全感。

　　我建議籠子安置的位置要在屋子最深處，不要正對大門，不要在電視機與窗戶旁邊，用意是製造一個不被打擾的環境。對於從來不曾被關過籠的狗，

剛開始進行籠內訓練會有一段過渡時期，狗會排斥進籠，狗會在籠內不斷大聲吠叫，甚至會出現啃咬與抓扒籠子等行為。

你可以採用循序漸進的方式引導狗習慣進出籠子。

第一週每天十次，用繩子牽引搭配口令，引導狗進籠，籠門不要關，狗一進去就給狗吃一口即可吞嚥的零食，狗一吃完就會急著出籠，請連續反覆練習。

第二週，讓狗在籠內吃可以咬久一點的零食，目的是要讓狗開始對籠內的進食環境產生安全感，甚至連餵食正餐時都讓狗在籠內吃飯，飯碗擺放的位置也很重要，不要讓狗面對牆壁吃飯。

第三週，開始讓狗習慣在籠內獨處，人可以短暫消失在狗的視線範圍內，人消失的時間由短增長。每日練習次數可自行斟酌。

進行籠內訓練最後的階段，狗若沒見到人就開始吠叫，千萬不要理會狗，連瞄一眼都不要，但是當狗一安靜下來時，哪怕只是狗在吞嚥口水、喘口氣的時間，人就要馬上出現，並且給予狗獎勵，目的是要讓狗建立只要不吠叫，就可以看到人的連結。

此外，需依照狗的年齡選擇進行籠內訓練的關籠時間，斷奶後二個月至八個月內的幼犬，最長關籠時間與狗的月齡相同，例如二個月犬為每日兩小時，除了睡眠時間之外，時間一到就要放狗出籠活動與便溺。八個月齡後的狗，最長的連續關籠時間為每日八至九個小時，且建議安排在晚上的睡眠時間。

受過籠內訓練的狗，也許將來生病受傷住院治療，或是要搭高鐵、飛機等交通工具時，狗便能自在的在籠內久待。

還有一點，籠內訓練不等於關籠懲罰，有籠內訓練就會有籠外訓練，例如利用狗一出籠就十分愉快的情緒，給予服從性訓練。此時狗的心是開放的，對於訓練的接受度相對也會提高。例如便溺訓練，只要正確掌握合適的關籠時間，狗是不會在籠內任意便溺的，當狗一出籠就馬上帶去可以便溺的地方，時間久了、次數多了之後，狗就會建立正確的定點便溺習慣。

漢克這樣說

對於患有各式異常行為的狗，為他進行籠內訓練是很重要的！但是必須清楚地認知，關籠不代表處罰。

便溺訓練

對於第一次養狗的新手而言，把狗狗帶回家後，面臨第一個考驗就是狗狗不會在飼主所期望的地點便溺。便溺訓練的方式很多，都與日常生活作息和飲食脫離不了關係。作息時間要規律，飲食時間、份量、內容物要規律、要合適，如此才能讓你掌握狗狗便溺的規律時間。

狗狗的原始記憶基因是屬於穴居型的動物，穴居動物的特型是不會在自己每天吃飯、睡覺的地方便溺的，因此，我們可以利用這個記憶基因來進行便溺訓練。

首先，我們要為狗狗準備一個有屋頂封閉式的巢穴，建議可以使用狗屋或是籠子。眼尖的你是否看出了線索？是的！就是籠內訓練！籠內訓練與便溺訓練之間的關係是相輔相成的，籠內訓練裡包含了在籠內進食和睡覺，而這個條件就是讓狗狗擁有一個巢穴，而狗狗是不會在自己的巢穴裡任意便溺的。

在進行籠內訓練的期間會有一段過渡期，這段過渡期指的是狗狗還未完全適應被關籠限制活動的時期，這個時候的狗狗會顯出焦慮感，輕則連續性吠叫，嚴重時可能會試圖掙脫籠子的束縛，奔向自由活動的空間。但只要過了這段過渡期之後，狗狗開始意識到待在籠內時是可以放鬆心情的，籠內是一個具有安全感的空間，如此，就代表籠內訓練完成了。當我們在進行籠內訓練的同時，也要開始進行便溺訓練，而不是任由狗便溺在籠內，影響了便溺訓練的進行。

籠內訓練中的狗並不是二十四小時都要被關在籠子裡，需依照狗的不同年齡而給予不同的關籠時間，這意味著有關籠就必須有放出籠的動作。二個月齡的狗連續關籠的時間不超過三個小時，三個月齡的狗連續關籠的時間不超過四個小時，四個月齡的狗不超過五個小時……以此類

推，至八個月齡之後的狗，最長連續關籠的時間則以八至九個小時為上限。每一次，放狗出籠的第一個動作，就是直接帶狗去你所設定的地點便溺，便溺結束才能進行之後的活動。

有一些細節我們必須要注意，若是要求狗在浴室內便溺的飼主，浴室內的地板務必要保持乾燥；若是要求狗在室外便溺的飼主，那麼你牽狗出門的動作要快，不可停滯過久，比如如果有等待電梯的時間，就要一併納入計算。還有，在室內便溺的狗，最好的引便劑是狗狗他自己的尿液和糞便，因此，我建議不要將狗狗便溺後的現場清潔得乾淨溜溜，留一點尿液、留一點糞便渣渣做為引便劑，可以幫助狗狗下一次便溺時，更加確定應該要便溺的地點。

在進行便溺訓練的時候，我們必須抓到狗狗便溺的習慣節奏，籠內訓練就是一個很重要的環節。籠內訓練成功的狗，會有兩個便溺黃金時間，一是吃飯前後，二是經過了一夜剛睡醒時；我們只要充分利用這兩個黃金時間引導狗狗在指定的地點便溺，將會有事半功倍的效果。除了利用籠內訓練進行便溺訓練之外，我們也可以教狗狗在尿布上便溺，我的做法是，先好好觀察狗狗在家裡任意便溺的地點，是否都是固定的那幾個地點，然後，在那些位置鋪上尿布或是尿盆（會撕咬尿布的狗就使用尿盆），每隔一週移動尿布的位置，每次約移動 50 公分的距離。使用過的尿布請不要急著收拾乾淨，這也是一個很好的引便劑，然後花幾週的時間，慢慢地將尿布逐步移動縮小到你所設定的地點。

第二種方法是，給狗狗一個活動空間，在這個空間內鋪滿尿布，這個空間可能是一整個客廳，或是利用圍片圍繞出來的空間。由於這個活動空間鋪滿了尿布，因此不論狗狗在哪裏便溺，都會百分之百地命中在尿布上。之後每隔一週就抽掉一片尿布，花上幾週的時間，慢慢減少尿布的數量，直到最後只剩下一片尿布。

當狗狗在正確的地點便溺時，請同時給予口頭稱讚，當狗狗便溺一結束時，請馬上給予一個一口可以吃下去的零食作為獎勵，這樣將可強化狗狗對於便溺地點的認知。有的時候，狗狗甚至為了要得到你所給予的零食獎勵，

即使他自己沒有便意，也會刻意跑去正確的地點便溺給你看，狗狗會硬擠出幾滴尿液，然後再興高采烈地跑過來吃你給予的零食獎勵，並且一直重複著這樣的動作。

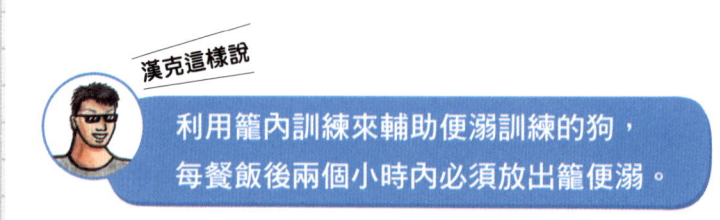

漢克這樣說

利用籠內訓練來輔助便溺訓練的狗，每餐飯後兩個小時內必須放出籠便溺。

2-7 輔具應用

身為專業訓練師，我經常使用 P 字鏈進行教學訓練，尤其是在面對具有高度攻擊性的中、大型犬時，P 字鏈能夠協助我進行有效的訓練矯正教學。

P 字鏈

P 字鏈的材質有金屬與尼龍布兩種，二者的操作方式與功能完全相同，唯一不同之處在於前者在滑動時有聲響，後者無聲響。無繩響的 P 字鏈可用於狩獵犬的訓練與穿戴，避免狩獵中去驚動了獵物，亦可用於高階的訓練項目中，讓狗更加專注於訓練師所下達的每一個命令。

P 字鏈的結構是封閉環狀結構，當一端被拉起來時，整個環狀結構會縮小，可用以約束與控制狗狗的行動，尤其是在面對中、大型兇猛犬時，這份約束與控制可以確保訓練師或是救援人員的安全。

響片

另一種常用輔助教學的工具是響片。響片的響體通常是一片薄金屬或塑料，封在可讓響體微微鼓起的外殼裡。按壓按鈕使響體脫位回位的振動，即可發出清脆的咔噠聲。響片訓練主要用於制約增強訓練，有增強物的適時出現，提升了犬隻在相同情況下，重複某一種行為的機率，即表示，增強物對於犬隻的反應起了強化作用。制約增強有兩種型態，一是正增強，二是負增強；在增強的同時，也存在著兩種處罰型態，一是正處罰，二是負處罰。（關於正負增強請見第 73 頁）

說到 P 字鏈與響片這兩種訓犬輔助道具，許多人對它們有某種程度上的誤解，會誤認為 P 字鏈是殘暴的訓練道具。響片訓練的原理，是使用正增強與負處罰，而 P 字鏈的訓練原理，則不完全屬於負增強與正處罰，正確來說，P 字鏈的訓練原理，是在這四項增強與處罰之間循環遊走。

這些文謅謅的文字不容易讓大家明白，我來舉幾個如何使用這兩種工具的例子，就會更清楚了。

例一 一隻狗出門散步會暴衝，完全不受飼主控制。

響片是採取鬆繩狀態，讓狗邊行走邊得到飼主給予的讚美和食物獎勵，在低約束低限制的狀態下，讓狗愉快地產生腳側隨行的連結。

P字鏈是採取半鬆半緊繩的狀態，讓狗邊行走邊得到飼主給與的讚美和食物獎勵，在P字鏈的約束與引導下，讓狗謹慎地產生腳側隨行的連結。

前者因低約束低限制，因此訓練成功所需的時間較長；後者因有約束限制規範，因此訓練成功所需的時間極短。前者容易因人犬關係錯誤，再加上訓練外在環境的干擾而導致失敗；後者則沒有這方面的困擾。前者當訓練成功後，便能不再需要響片，即可讓狗無牽繩在飼主的身邊腳側隨行；後者當訓練成功後，亦能不再需要使用P字鏈，即可讓狗無牽繩隨行在飼主身邊。

在這裡所謂「訓練成功」，意指犬隻已經能夠充分理解飼主的要求，並做出腳側隨行的動作，而且是一種自發性的腳側隨行動作。

例二 一隻藏獒會咬路人、會咬飼主，出門暴衝不受飼主控制。

這個案例比第一個案例多了個大型兇猛犬對人類攻擊的這個元素。這種情形下，響片無法有效讓狗產生因為不咬人而得到零食獎勵的連結，所以難以透過響片做有效訓練。響片的實際應用狀況是，狗在訓練期間接受食物獎勵，但是仍然繼續咬人，而且有時候，這隻狗是不接受食物獎勵的，除了訓練師無法接近狗，甚至連飼主本身都無法接近。

P字鏈訓練採取緊繩的狀態，讓狗邊行走邊得到飼主給予的讚美、食物獎勵，讓犬隻在受到約束與限制的狀況下，理解到如果服從飼主就可以得到鬆繩的自由感。同時，讓犬隻降低對人的攻擊性。

例三 一隻藏獒已經咬上了人，死死咬住不肯鬆口。

響片訓練無法使其鬆口，若犬隻自行鬆口後，亦無法利用響片訓練使其

不發動第二次的攻擊。P字鏈訓練採取緊繩的狀態使其鬆口，並且在反覆緊繩與鬆繩之間，用以提醒犬隻不可以再對人發動第二次攻擊。

我想要再次強調：

◆ P字鏈的訓練原理並不是只有處罰。
◆ P字鏈的操作方式，絕對不是狂拉猛扯，使狗緊張害怕而臣服於人。
◆ P字鏈的處罰動作不是狂拉猛扯。非常重要，再強調一次。
◆ P字鏈因材質與粗細的不同，會產生不同的約束限制效果。
◆ P字鏈因配戴位置的不同，會產生程度不同的訓練效果。
◆ P字鏈是專業訓犬道具，不建議做為一般項圈使用。應該由正規的訓犬師指導P字鏈的使用方式，不當使用P字鏈容易導致犬隻受傷甚至死亡。

漢克這樣說

> 輔助工具本身沒有所謂的好壞對錯之分，有對錯好壞之分的，是操作方式與操作者的人品。

正負增強與正負處罰

　　百分之百完全正向的訓練是不存在的，一個完整的訓練過程，一定包含了正負增強和正負處罰。

　　以普通牽繩進行腳側隨行訓練為例，當狗拉著你暴衝出去，你需要馬上掉頭不看狗，往反方向走（負處罰），於是，狗就會從你的後方跟了上來（負增強），在狗經過你的腳邊想要超過但未超過你之前，這個時候，要將牽繩上提阻斷狗的行動（正處罰），同時給予一塊零食獎勵（正增強），連帶稱讚狗願意停在你腳邊的行為（正增強）。

　　接著，再往前走一步，手中的牽繩也往前拉一下，促使狗跟上你移動的腳步（負增強），然後停止，當狗正要超過你但未超過之前，這個時候，要將牽繩上提阻斷狗的行動（正處罰），同時給予一塊零食獎勵（正增強），並再次稱讚狗願意停在你腳邊的行為（正增強）。

　　最後，將移動的步數增加，由最初的每走一步就稱讚一次（正增強），到最後，每走十步才稱讚一次（負處罰＋正增強＋制約），進階到可以走連續步，最終完成腳側隨行訓練。

制約增強訓練

（正負增強 & 正負處罰）
例如：腳側隨行

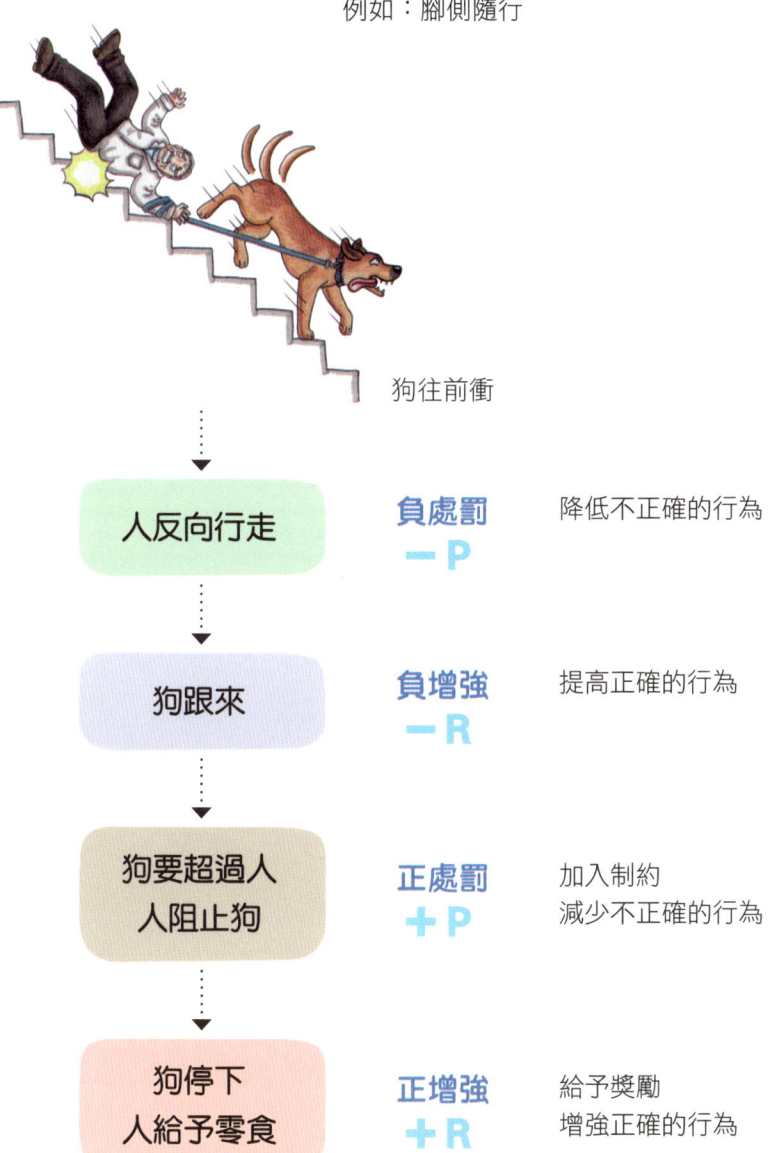

狗往前衝

人反向行走	**負處罰** −P	降低不正確的行為
狗跟來	**負增強** −R	提高正確的行為
狗要超過人 人阻止狗	**正處罰** +P	加入制約 減少不正確的行為
狗停下 人給予零食	**正增強** +R	給予獎勵 增強正確的行為

2-8 飲食、生活、運動與訓練之間的關係

　　一位傑出的運動員，為了要在運動場取得好成績，勢必得接受嚴格的訓練。這一位運動員若處於一群傑出的運動員之中，在嚴格訓練這個統一的條件下，成績表現幾乎都會落在非常接近的程度。如何才能夠脫穎而出取得優勝，除了訓練時比別人加倍努力之外，甚至會特意調整飲食內容和生活作息，各方面都會非常嚴謹，在同中求異，才是勝負的真正關鍵。

　　傑出的運動員會每天不斷重複練習相同的動作，這就像我以下要說的機械式反覆練習。

　　我們教狗時，尤其是在需要體力的訓練項目，最常見的是服從性訓練。每天，我們都會固定牽引狗進行停停走走、跑步、坐下、臥倒和喚回的服從性訓練，這是一種機械式反覆練習。這個時候，狗的體能狀態決定了當次訓練所能夠持續的時間，若狗的體力不支，勢必會影響到狗的專注力，也會連帶影響狗是否能充分理解我們所要傳達的訊息。

　　除了日常運動量的管理影響到狗的體力之外，另外包含了氣溫、飲食、生活作息和年齡，甚至於品種之間的差異，都會影響狗的體力。品種之間的差異性是什麼意思呢？例如我們帶狗去跑步運動，西藏獒犬與西伯利亞哈士奇，你認為誰跑得比較快？誰跑得比較久？誰又可以跑得比較遠？例如我們帶狗進行護衛訓練，德國狼犬與鬆獅犬，你認為誰跳得高？誰跳得遠？誰又有足夠的爆發力和續航力，可以追得上正在快速逃跑的歹徒？這幾個的舉例說明，便指出品種之間的差異性與體力的關係。

　　接下來，我們來談談狗的運動管理與精神、情緒之間的關係，隨著狗的體型愈大，便愈需重視足夠的運動量，或是根據該犬種個體的特色與需求，去定義所需要的運動量。當狗的運動量不足時，除了難以進行長時間持續訓練之外，亦有可能引發出其他不良情緒，引起各式各樣的行為問題。例如性格過度敏感、過度興奮，或是異常安靜、無精打采等等狀況，甚至發展出破

壞家具、狼嚎或是自殘身體等等的異常行為。

我們明白了運動對狗的重要性，我們該給狗什麼樣的運動呢？又該如何進行運動？

帶狗一起散步、一起跑步、一起遊戲，甚至於一起游泳、一起爬山等，都是很好的運動方式。我知道有些飼主會有一種認知，把狗養在車庫裡、院子裡，覺得這樣的大空間已足夠讓狗好好活動。事實上卻不是如此。第一，活動空間雖然大，卻不代表狗在空間裡會自動自發的每天規律運動，第二，活動與運動，在本質上是完全不同的。

大家有注意到嗎？有一個關鍵的字眼是「一起」，唯有在有飼主陪同的狀況下所進行的動作，才能讓狗接收刺激，而達到運動的目的，體能狀況才可能愈來愈好。這樣的狗，不論是在日常生活飼養管理上，或是在進行訓練，都能較容易進入狀況。

訓練的本質是違背意願的狀態，人可以因為知道自己目標在哪，而去勉強自我、砥礪自我，咬著牙嚥著淚，朝向目標前進。然而狗的訓練需要這樣子嗎？

有些訓練師在訓練狗時是專橫霸道的，尤其是在訓練矯正對人具有攻擊行為的狗，往往狗出現了抗拒反抗，甚至試圖攻擊咬訓練師，訓練師便採用更高壓、更暴力的手段，讓狗屈服。

我認為這是不正確的方式，高壓的訓練或許適用於人類運動員，那是因為人清楚的知道自己的目標，而狗卻不知道他攻擊咬人哪裡有錯，狗也不會知道他接受訓練的目標，是不要再攻擊咬人。

還有一點，一位優秀的訓練師在訓練狗之前，必須能夠確認讓狗擁有被訓練的體力，體力源自於充足的食物、睡眠和運動。我曾經多次聽過某些謬論，指出將狗關進籠內不准出籠，再讓狗餓個幾天，甚至讓狗餓到皮包骨之後，再給狗吃食物，再帶狗出籠，如此，狗才會知道去尊重給他食物，以及帶他出籠的訓練師，訓練師與狗之間的位階關係才能夠建立起來。

這是相當錯誤的觀念，訓練的本質雖然是違背意願，但也要符合人道管

理。在前置訓練期，每天讓狗餓肚子並不人道，且狗一直處於飢餓狀態，性格將會更不穩定，被訓練師帶出籠之後要再關進籠，狗會更加抗拒進籠，甚而可能轉身攻擊訓練師。也許有訓練師認為餓過頭的狗更好教，在我看來，這代表狗已經餓到沒有力氣去追著你咬，又或者是狗已經被關籠關怕了，這一切都不是處在更好教的狀態裡。

再次重申，訓練狗最重要的條件，就是正常的飲食管理和規律的生活作息時間，以及正確的訓練方式。

當你滿足了狗的飲食、生活作息條件，搭配籠內訓練進行規律的時間管理，再加上適度的運動管理。如此，狗將會期待每一次出籠上課，接著採用循序漸進，動作由簡至繁，利用引導和鼓勵來讓狗進入訓練的情境裡。隨著時間經過，狗狗他將會開始理解你要傳達的是什麼，當他開始享受你給予的稱讚獎勵之後，到這個時候，訓練的本質已不再是違背意願，他會表現得愈來愈棒，他的專注力將會愈來愈集中在你身上，你與狗狗之間的關係，也將變得愈來愈親密且正面。

漢克這樣說

訓練犬隻時，務必要讓狗理解你要傳達給他的訊息，這是用動作來進行，而不是用嘴巴來說。

2-9 到府教學 & 抽離環境訓練

我時常接到許多陌生犬友的來電諮詢，我都會仔細地去瞭解每一隻狗的問題，好判斷我該如何進行指導來解決問題。

有些問題其實並不需要訓練師，飼主只是缺乏正確的飼養、管理或是訓練方式，這種情形，我都會直接在電話裡免費指導飼主，該如何自己進行矯正，例如三四個月齡的狗會護食咬人、便溺訓練、亂咬傢俱等異常行為。

但是有些問題卻不是飼主有能力自行矯正，問題可能不是特別嚴重，只是這個訓練矯正的技術，無法完整地單憑口述指導，因此我會安排進行到府教學。例如狗散步會暴衝、狗出門在外會追逐車輛或是其他小動物、狗會隨地亂撿食、中小型犬會攻擊經過他身邊的陌生人等異常行為。

還有些是嚴重的行為問題，嚴重程度是我認為即使是到府教學也不盡然可以徹底解決，例如中大型犬攻擊咬任何經過他身邊的陌生人、中大型犬攻擊咬自己家人、狗與狗互相打架，將對方往死裡咬等異常行為。以具有攻擊性的狗來說，體型愈大的狗，其攻擊能力愈強烈。在訓練矯正時，訓練師被咬重傷的風險，比起小型犬來得高，故我會特別指名中大型犬進行抽離環境訓練。

有效的黃金訓練時間

具有地域性攻擊性的狗，必須抽離環境來到犬舍受訓的原因，其實很簡單，就是因為在狗的地盤裡，無法真正有效地進行訓練矯正，只要讓狗離開了自己的地盤，並且把握住第一次訓練的黃金時間，那麼，訓練師將會省下很多精神，狗狗抗拒的心態也會比較弱，讓整個訓練過程更加自然順暢。

所謂第一次訓練的黃金時間，意指狗在更換環境，逐漸在適應新環境、新生活作息，逐漸認識訓練師，卻又不到完全適應與熟悉的狀態，這就是讓狗第一次接受服從訓練的黃金時間。

值得一提的是，有些訓練師沒有自己的訓練學校，即使遇到需要抽離環境受訓的狗，訓練師仍然可能會接下案子到府訓練狗。於是，訓練師會在狗的地盤上跟狗硬碰硬，隨著時間經過，狗的體能漸漸流失，抗拒的力量會漸漸減弱，看起來狗開始向訓練師臣服了，但這卻不是狗打從心裡真正地服從。等到訓練師下課後，或是等到狗隔天睡飽精神恢復後，狗的不良情緒容易反噬到飼主身上，宣告訓練失敗。

有些訓練師在狗的地域裡進行到府教學，會單純利用零食誘餌想要與狗建立起感情關係，狗太容易得到零食誘餌等獎勵，對於目中無人、自以為是性格的狗，往往造成一種反效果，可能狗零食吃了，但是仍然會咬人。

性格異常敏感且具攻擊性的狗，狗整天已經在感受到極大壓力的環境裡生活了，一點點小小刺激都會引起狗的極端情緒，加上全家人都被狗給咬怕了，訓練師若在這樣的環境下試圖到府教學，往往容易產生無效的訓練。當訓練師離開之後，全家人對狗的恐懼感，也不容易能夠在短短時間內克服。

我經手的案例中，有隻來自台北的咬人柴犬大胖，他就必須抽離環境訓練矯正，需要訓練矯正的項目包括：

❶ 飼主在家裡動一動腳趾頭，狗就衝上來咬了。
❷ 飼主伸出手摸摸狗，狗就張嘴咬了，而且還會將飼主逼到牆角處無處可逃。
❸ 飼主使用吸塵器時，狗會咬吸塵器。
❹ 每當下雨打雷放鞭炮時，狗會非常的焦慮害怕，還會全身發抖。
❺ 散步走到某個路段之後，就死也不肯再繼續前進了。

在經過了四個月的抽離環境訓練矯正之後，我重新建立起狗與飼主之間的新關係，並且降低了狗的敏感性。同時也透過畢業前的到府移交訓練課程，成功的打破了受訓前在家裡的錯誤惡性連結，重新建立飼主與柴犬之間新的連結。

教育沒有捷徑

每當有新進的狗狗來受訓矯正，大部份的飼主都滿懷期待自己的狗狗可以快點學會、趕快畢業。

但是，我在這裡要跟大家說：教育沒有捷徑！

你們不要以為狗狗一進來犬舍，就是開始每天牽出去上課訓練了。當狗狗更換環境來到犬舍受訓矯正時，狗狗的精神狀況會出現程度不一的緊迫感。性格愈敏感的狗，其精神緊迫感會愈強烈，緊迫的情緒會反應在狗的食慾不振、睡眠不安穩、連續大聲吠叫、細細嗚嗚的低鳴，甚至於身體的免疫力都會隨之下降。這個時候的狗，是不適合進行任何的訓練矯正課程。

我們訓練師要輔助、引導、陪伴這些新同學們，讓新同學們可以認識我們每一個人、瞭解我們犬舍的生活作息，然後就靜待時間經過。一般而言約一至二週的時間，漸漸的狗狗們自然自己會適應新環境，並且自行消化掉這些緊迫的情緒。

其實訓練有很大一部分是落實在日常生活管理中。訓練師要餵狗狗們吃飯，並且帶他們散步、遊戲。將彼此之間的感情度與熟悉度慢慢一點一滴的建立起來，這對於矯正兇猛犬的攻擊行為而言，是相當重要的步驟。

會護食攻擊咬人的狗，訓練師還要仔細觀察狗狗每日的進食慾望與排便狀況，去找出適合的餵食內容與餵食份量，並且還需要去訓練狗擁有進食的好習慣。同時也需在日常生活中建立起進食後可以馬上出籠活動的連結，讓具有護食攻擊行為的狗，在不知不覺中得以矯正。

而面對其他攻擊行為的狗，訓練師必須以循序漸進的方式，去引導狗狗們進入適合學習的狀態。而不是一味的要求狗要服從、要服從、要服從。每一隻狗進入適合學習狀態的時間都不同，等到我們察覺到狗狗們已經開始進入狀態中時，我們會逐步加強動作的細膩度。目的是要狗將專注力放在我們訓練師身上，並且還要讓專注力持續的時間由短至長的逐步增加。

但是，訓練的太勤快也會出現抗拒的反效果，訓練的過於疏鬆則會導致

無效訓練，因此訓練師還必須拿捏好訓練的頻率與強度。

攻擊行為矯正並不是一味的去稱讚狗，更不是不斷地去討好狗。明明狗狗他什麼事都沒做，然後你卻要在一旁不斷的稱讚他好棒好乖，這會讓自主意識高的狗變得更囂張，這會讓錯誤的人犬關係更加的錯誤。攻擊行為的矯正也並非只去閃避狗的地雷區，乍看之下好像訓練已經完成，但是一不注意碰到了狗狗的地雷區時，你就會被咬了。這種情形絕非我所認為的成功的行為矯正。

你花錢買的應該是訓練師的專業

訓犬的領域是很廣泛的，不是狗會咬人隨便找個訓練師就行了。就像人的醫師一樣，腦有腦科、骨有骨科、皮膚有皮膚科、生小孩有婦產科，完全的分門別類。也就是說，如果要生小孩，應該不會去看耳鼻喉科吧？

拿我自己來說好了，我不會教護衛犬、搜救犬、緝毒犬、馬戲表演犬、接飛盤表演犬等等。我是狗的異常行為矯正訓練師，就單純只會教行為矯正而已，尤其是具有攻擊行為的狗更是我的常客。

訓練師除了教狗之外，還必須去瞭解飼主的性格、飼主飼養管理狗的方式、飼主家庭成員與狗之間的關係、飼主的時間配合度、飼主對訓練動作的理解與熟悉度等等狀況與條件。

不適合到府教學的狗，就必須抽離環境來進行教育，無法配合就不能硬教。但是我所見到的卻是持續不斷的到府教學，當訓練師發現狗已經訓練失敗或是無效訓練之後，再來告訴飼主，一切歸咎於飼主自己本身的問題。

的確有的狗在矯正失敗或是無效訓練後，會轉來到我的手中受訓矯正。但是，有更多的人卻是付不出第二筆訓練費，或是不再願意相信下一任訓練師，不再相信自己的狗可以矯正得來。產生了環環相扣的一連串問題：

一是 浪費時間，浪費金錢。

二是 錯失訓練矯正的最佳時機。

三是 狗將變得更敏感或是更霸道。

四是 增強了二次訓練矯正的難度。
五是 飼主無法再信任科學的訓犬方式。
六是 狗無法被人道飼養管理。
七是 最壞的情形,狗因此被棄養了。

再次強調,行為矯正並不是動作訓練,是一種內心思想的矯正訓練,這也是一般傳統訓練師所無法理解的部分。在訓練的過程中,我們必須去判讀狗的情緒與想法。不論是投其所好,或者是阻斷引導,都要確認狗狗們可以完整接收到我們訓練師所給予的種種要求與稱讚,讓狗明白是與非的定義與界線。

> **漢克這樣說**
>
> 一位優秀的訓練師,要能夠判斷並且設計出對狗最合適的行為矯正課程。

2-10 步入新生活的移交訓練

　　移交訓練有一個重要目的，在於克服飼主的心理創傷，不僅是幫助狗，更是幫助人。一般來說，會來找訓練師協助的狗，都是有行為問題的狗。以我自己的經驗，大部份來找我訓練矯正的，都是會攻擊咬人的狗，有些狗是攻擊咬外人，有些狗則是攻擊咬自己家人。矯正會攻擊咬外人的狗與矯正攻擊咬家人的狗，在訓練方面要考量的點完全不同，會攻擊自家人的狗，要調整的重點不在於狗，反而是在於人。

　　試想一下，當自己所飼養的狗會狠狠攻擊咬自己，或是攻擊年邁的父母長輩時，甚至攻擊自己的小孩子，你的內心深處會承受怎麼樣的壓力？家人們的內心，是否會對這隻咬他們的狗感到恐懼害怕？

　　被狗給咬怕了的人，內心深處是對狗感到恐懼與不信任，我稱之為一種「心理創傷」。訓練師是狗與人之間的溝通橋樑，如何化解這些負面的心理創傷，亦是我的指導重點之一。

　　首先，訓練的重點一定是先放在狗的身上，嚴重攻擊咬家人的狗，可以想見，他每天生活在令他感到神經緊繃的環境裡，這樣的環境不適合到府訓練，我會讓狗抽離環境，來到犬舍住宿受訓。

　　我會讓狗認識我、熟悉我，我會讓狗瞭解並去習慣犬舍的生活作息，同時，我會讓狗學習並理解我所給予的每一個訓練與每一個要求。當狗狗的服從性提升之後，穩定性自然也會跟著提升，部份的敏感度也會隨之下降，來到犬舍訓練還有一個有利點就是——狗會開始想念家人。

　　一段時間後，飼主來到犬舍探視，此時大多數的狗，其情緒表現與受訓前的敏感度已完全改變，大多數的狗已經會平開耳朵、搖著尾巴，對著飼主釋出善意，甚至會主動向飼主撒嬌，這是好現象，但不代表著狗已經被教好了。

　　為什麼我說這不代表狗已經被教好了呢？原因在於舊有的錯誤連結依然

存在，也就是說，當狗狗平開耳朵、搖著尾巴對飼主撒嬌，飼主往往會情不自禁的想伸手去摸狗，這時，很有可能突然之間狗狗想起了什麼，就在那一刻，狗狗張嘴咬了飼主。而這個突然想起的事，就是狗狗來到犬舍受訓前，飼主曾經對狗的暴力虐待，舊有錯誤的連結還沒有被打破，還沒有覆蓋新的連結在舊有的連結之上，矯正訓練便是尚未完成。

飼主好不容易鼓起勇氣伸出手想摸狗，卻因為狗的舊有錯誤連結，再次攻擊飼主，這無疑會對飼主造成二次傷害，尤其是在狗正處於訓練師訓練矯正階段，很有可能連帶讓飼主對訓練師失去信任。因此在我擁有十足的把握前，凡飼主在訓練矯正初期前來探視，我都會要求飼主一律不得主動去觸摸狗。

我教的服從訓練動作非常細膩，細膩到給狗一個眼神，狗就知道我要他做些什麼事情，或是做些什麼動作，同時，我也會留心觀察狗的呼吸換氣頻率與深淺，留心觀察狗的眼神與表情，以此判斷狗的情緒是否穩定。

當我已經擁有十足的把握時，我會告訴飼主可以觸摸狗了，當飼主在做出久違的觸摸動作時，狗所給予的正向回應，會讓飼主將所有過去的負面經驗放下，在一次又一次、一遍再一遍進行觸摸動作時，就是我在幫飼主重新建立新的連結，也就是我在幫助飼主克服被自己愛犬攻擊的心理創傷。

漢克這樣說

移交訓練不單單是在家教狗，正確來說，移交訓練的教學對象是人，甚至可以說是在重新建立起人對狗的信任與信心。

3 CHAPTER

把訓練融入生活

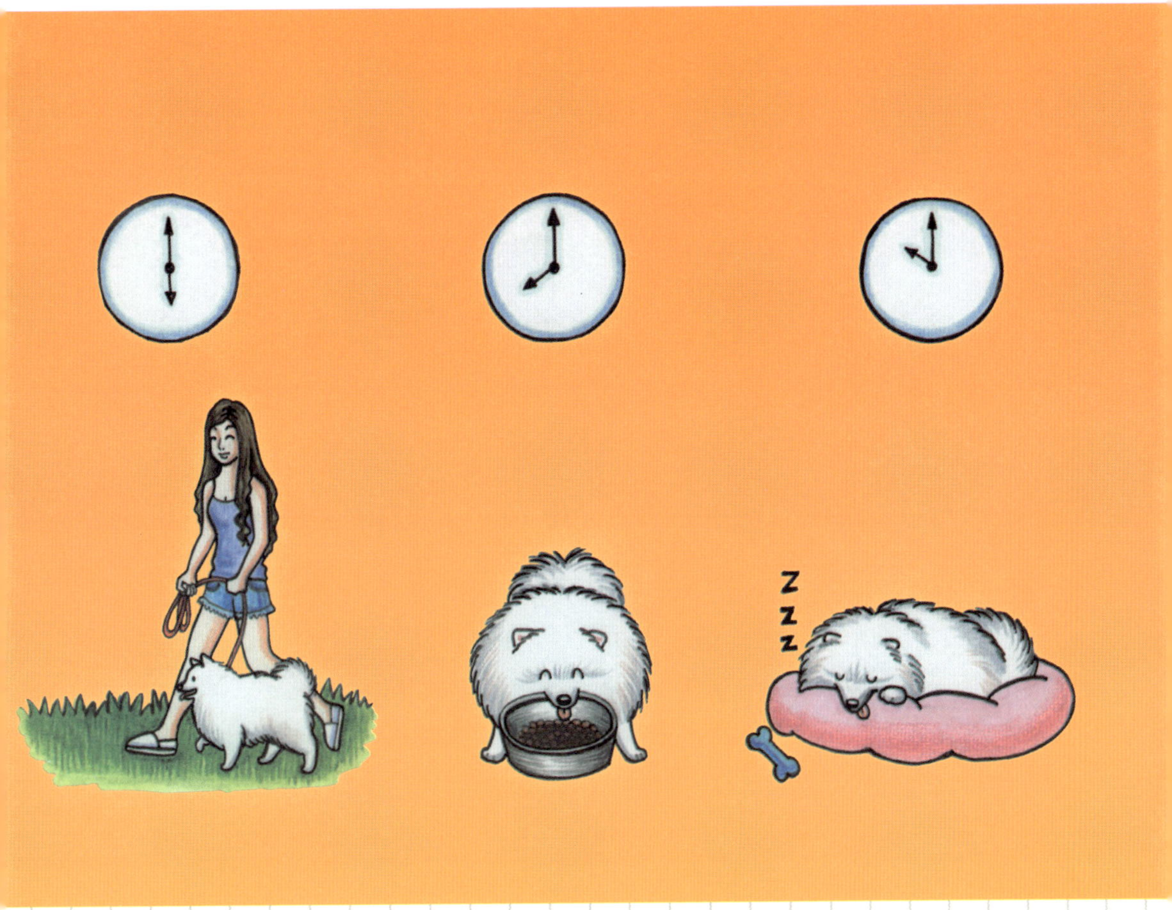
Z
Z
Z

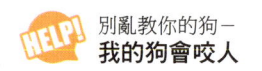

3-1 過度興奮：是你在遛狗，還是狗在遛你？

想想，這是不是曾經發生在你家的畫面，你準備帶狗出門散步，看了狗狗一眼，同時說出「散步！」狗狗便立刻興奮的往門口衝，在你還來不及順利的為他繫上牽繩之前。

也許因為平常沒有遛狗散步的習慣，當狗狗知道他可以出門時，他的情緒表現會是如此亢奮，以這樣的方式帶狗出門，他的表現除了拉著你跑之外，還可能對來往的陌生路人吠叫，甚至想撲上經過他身邊的陌生人。因為知道狗狗出門後，會出現這樣的惱人行為讓你感到卻步，於是你決定，往後盡量不帶狗出門。

這將形成一個惡性循環！

我說過，狗狗所有的異常行為幾乎都與飼養人有著極大的關係。你愈不帶狗出門散步，他就愈期待出門散步，當他的期待感被你過度放大時，他的行為表現就會愈容易脫序，最終，我們用「完全失控」來描述這種狀況。

長期以來，我一直掛在嘴邊給飼主的忠告：養狗要花時間，工作繁忙沒有時間的人不適合養狗；養狗需要花錢，經濟能力不好的人不適合養狗。

千萬不要以為買了防暴衝的牽繩或是用了 P 字鏈，就可以成功的讓你輕鬆優雅帶狗出門。讓狗接受正規訓練師的服從訓練，才是有效改善你與狗之間窘境的辦法。唯有當狗學會服從你的要求後，才有可能讓你從出門前，狗兒乖乖坐好順利為他繫上牽繩，一路上，讓你即使穿著高跟鞋，狗狗仍然讓你輕鬆自在的牽引散步，最後一起返家，結束了這趟散步的完美旅程。

要知道，人是由思想來改變行為，狗是反過來，由行為來改變思想。

腳側隨行，是所有的犬種在所有的異常行為裡，最根本的訓練，它決定了正確人犬關係，有了正確的人犬關係，在行進間的速度與方向才能全部由你來掌握。你走快狗就走快，你走慢狗就慢慢跟上，你停止不走時，狗也會停下腳步，你連續原地繞圈，或是蛇行前進，狗也乖乖完全配合照做。透過

腳側隨行的訓練，你才能輕鬆成為狗的領導人，狗也才會真正的認同你是他的領導人。

當正確的人犬關係建立起來之後，你會發現你的狗不但服從性提高了，性格也變得穩定多了，甚至於平常令他感到敏感的事物，他居然都不在意了，一切問題皆迎刃而解。

愈有行為問題的狗，必須愈早接受腳側隨行訓練。

再次慎重提醒，出門遛狗散步一定要繫上牽繩！不要以為你的愛犬多麼訓練有素不用繫牽繩；不要以為你的愛犬習慣多麼好，走路都會靠邊走；不要以為你的愛犬穿越馬路時，會停下來看紅綠燈號誌……。你以為給的行動自由，事實上卻是在推他進入危險的深淵。你必須要知道：「牽繩，就是救命繩！」

> 漢克這樣說
>
> 你必須要知道，「牽繩」就是救命繩！

HELP! 別亂教你的狗－
我的狗會咬人

準備出門了

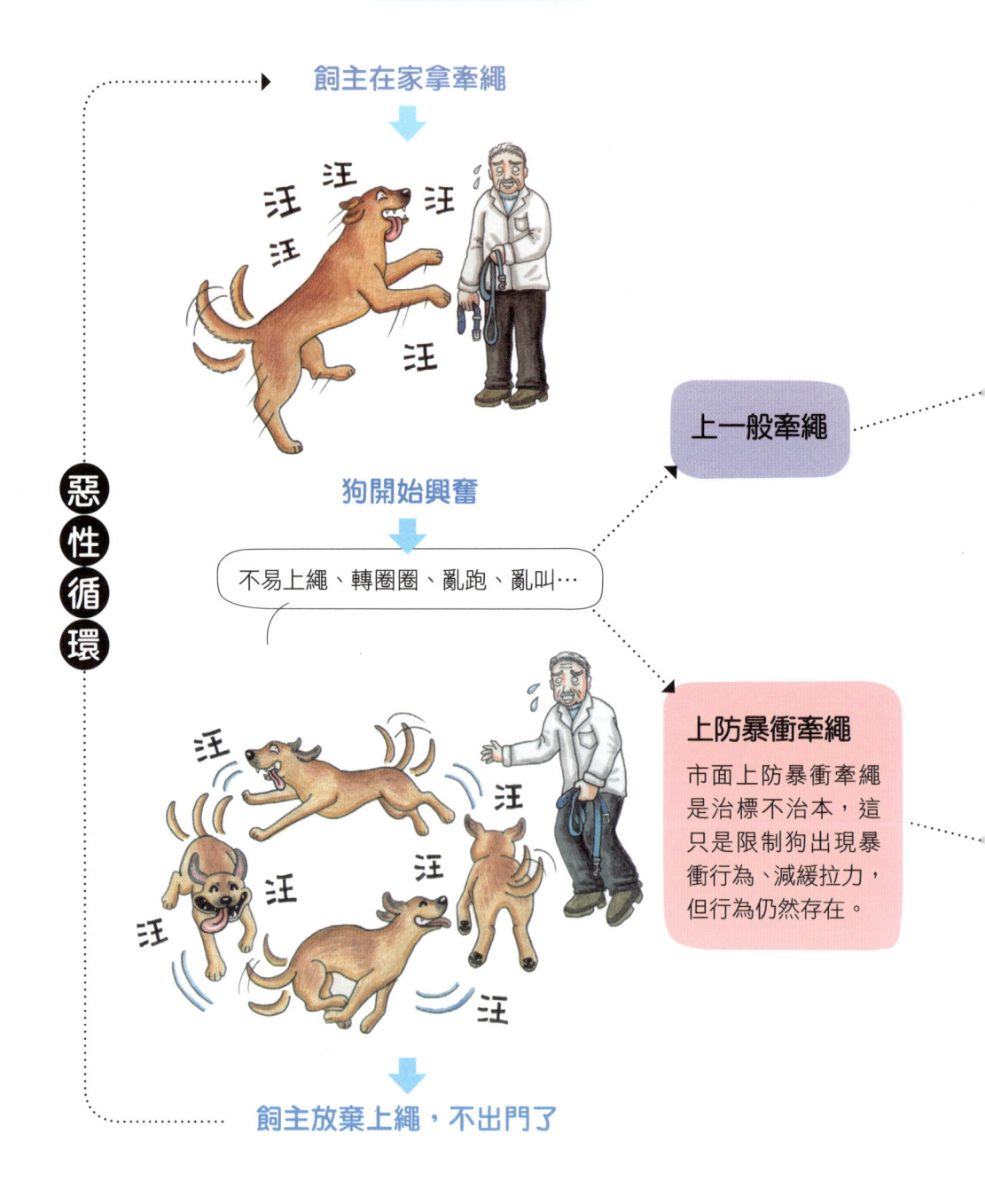

飼主在家拿牽繩

↓

狗開始興奮

↓

不易上繩、轉圈圈、亂跑、亂叫…

↓

飼主放棄上繩，不出門了

惡性循環

上一般牽繩

上防暴衝牽繩
市面上防暴衝牽繩是治標不治本，這只是限制狗出現暴衝行為、減緩拉力，但行為仍然存在。

CHAPTER 3 把訓練融入生活　091

在室內
再進行喚狗來、叫狗坐下,然後上牽繩。

依然過度興奮
暴衝、拉著人跑、和飼主比力氣,飼主被拉倒受傷。

在外面
先進行腳側隨行教育

趨向於正常
疏緩暴衝拉力,但仍會隨地嗅聞、隨地撿食,直到精力完全消耗完畢,才甘願乖乖的散步走路。

正 常
不過度興奮,不嗅聞、不隨地撿食,飼主可輕鬆牽。

別亂教你的狗－
我的狗會咬人

案例一　把飼主拉到跌倒受傷的高山犬

　　高山犬普遍的體重約在 60 公斤至 70 公斤之間，肩高落在 80 公分至 100 公分之間，是屬於大型犬，育種繁殖者在高山犬的血統裡會參雜其他的犬種來進行結構與性格的改良，例如參雜馬士提夫、大丹犬的血統，使得有一部分的高山犬便先天具有強烈的攻擊性，但是另一部分則是相當的親人。

　　我有一位客戶在路邊撿到了一隻相當親人的高山犬，一看到人就會興奮不已撲上身，這高山犬的體重這麼重、身形這麼高大，被撲的人一定會感受到極不舒服的心理壓力，甚至於一不小心就會被狗給撲到跌倒受傷。

　　飼主的年紀較高，大約有 60 多歲了，都已經當爺爺了，然而每一次帶高山犬去散步時總是心驚膽跳的，一來怕狗會撲人，二來怕狗會突然加速行走暴衝拖著他跑，所以飼主總是將牽繩端套入自己的手腕上，然後緊緊的握住牽繩！

　　結果有一天真的出事了，在他們下樓梯的時候，由於高山犬的步距很大，噗通一聲高山犬跳下了樓梯，硬生生的將飼主也給拖下了樓梯，這套在手腕上的牽繩一時之間無法解開，就這樣摔個鼻青臉腫之外，就連骨盆都裂了，右手臂肩膀也脫臼了！

　　我說過，在狗的認知裡「暴衝」這件事情是不存在的，那是因為人類使用了牽繩之後，才會出現的行為問題。這體重與飼主相仿的高山犬，一心一意想要出門散步，哪裡會去理會跌倒受傷的飼主，所以更慘的事情就這樣發生了，飼主在跌下樓梯、骨盆骨折、肩膀脫臼的狀況下被高山犬一連拖下了好幾層樓！

　　在我接到這樣的案例之後，我建議飼主先將高山犬送來我的犬舍受訓，然後請飼主自己好好的養傷。

一隻散步會暴衝的吉娃娃與一隻散步會暴衝高山犬，雖然都是相同的行為問題，但是這兩隻狗的力量卻是天與地的差別。我們若要跟高山犬拼力量，些許我們還會拼輸高山犬。尤其飼主是高齡人士，因此我將訓練矯正的目標放在「無牽繩腳側隨行」上，我們只需要發出口令就能夠讓高山犬服從聽話，乖乖穩定的跟在我們身邊行走，且對外界環境裡的各式刺激、各式干擾視而不見，最後再將訓練成效移交給康復出院後的飼主，讓已經服從訓練師的高山犬也能夠服從於飼主，這才是真正的解決方式。

3-2 攻擊行為：咬飼主

　　狗的攻擊行為背後的成因相當複雜，攻擊的對象、時機，與攻擊的模式，各自代表不同的含義。

　　我時常接到狗攻擊咬飼主請求協助的案子，飼主的定義包含了飼主一家人，以及經常與飼主來往的親朋好友。每一位飼主都會對我細細數落狗狗的惡行惡狀，但其實我心理很明白，狗會咬飼主，而且是狠狠狂咬，絕大多數都因為曾經被飼主狠狠的暴力對待過。

　　不可否認，現實情形裡，的確有狗因為被飼主暴力對待後，狗兒變得比較乖，但是我仍然總是再三告誡飼主，千萬不要暴力對待狗狗，因為當有一天暴力對待再也無效時，意味著你可能需要花一筆高額的訓練費請訓練師來教，也或許將意味著這隻狗將會被飼主棄養了！

　　在這裡我想特別說明，所謂的暴力對待，包含任何形式的打跟罵，很多人認為使用報紙或紙捲打狗，狗不會痛也不會受傷，但其實這樣的動作就是打狗的暴力行為了。

　　當然也有可能有例外，飼主從來不曾暴力對待狗，狗仍然會攻擊咬飼主。

　　是的，狗會咬飼主，大致上有兩個主因，一個是打過頭，另一個是寵過頭。

　　前面我已經說明「寵過頭了」的內容，現在，我要來說說「打過頭」這件事。

　　狗在家裡隨地便溺，你打了他；狗聽到屋子外面風吹草動時吠叫，你打了他；狗在吃飯時不准你接近，你硬是將他拖過來，狠狠的打了他；你幫狗洗澡美容時，狗狗不斷亂動、抗拒掙扎，你喪失耐心用力的打了他；你心情不好拿狗當作出氣筒；沒有特別原因，你喜歡對狗動手動腳以此為樂。

　　如果狗在充滿暴力的環境中生活，他每天都過得提心吊膽，他必須隨時防備不要被打，他必須將自己武裝起來保護自己，他的精神無法鬆懈，導致

性格愈來愈敏感，他學會了用咬來攻擊、來驅逐你對他的暴力行為，他習慣用咬的對人先下手為強。

這便是一隻長期被飼主暴力對待狗兒的心路歷程。

面對這種狀況的狗，大部份我會選擇讓狗抽離環境接受矯正訓練，我不會在平常令狗感到很大壓力源下的環境裡進行訓練。壓力來源可能有兩個，一個是家裡生活的環境，另一個是對他施暴的人。

我會讓狗離開壓力源，藉由訓練，重新建立他對飼主的感情，並改變狗對原家庭生活環境的惡性連結。還有一個主要重點，我會好好教育飼主，該如何正確飼養管理這隻狗。

假設一家有四個人，家庭成員有爸爸媽媽哥哥姐姐，除了爸爸會打狗之外，而狗也只咬爸爸，其餘的家人都與狗的關係相當融洽。

當狗狗抽離環境來到犬舍受訓，通常我會運用心理戰，也就是當狗狗更換環境來到了人生地不熟的地方時，他開始會想念他的家人，而我會刻意讓狗狗的這份情緒發酵約兩週的時間，也就是說，這兩週內，完全不讓飼主們過來探視。

兩週過後，我才會請飼主們過來犬舍探視狗，以這家人為例，只有爸爸會打狗，狗也只會咬爸爸，那麼就安排爸爸前來探視，其餘家人都躲起來偷偷探視，不能被狗發現。

當爸爸前來探視狗的時候，狗狗見到久違的家人時，通常會顯得非常高興，但是事情沒有那麼簡單，因為狗狗高興只是當下的情緒，實際上，在狗狗的記憶深處，仍然存在著爸爸會打他的記憶。

這個時候，也許爸爸伸出手想要摸狗狗，狗狗從前所有的悲慘記憶會全部回想起來，在爸爸手伸出來的同時，狗狗可能就會跳起來咬爸爸。

因此，我會要求爸爸在前幾次探視見面時，不要伸手接觸狗，也不要與狗互動，反過來只讓狗主動去接觸爸爸。接著再次見面時，我會安排爸爸牽著狗去散步，然後，再下一次見面時，可以觀察到，這個時候的狗狗對爸爸的好印象已經愈來愈強烈，我會安排爸爸進入犬舍，親自把狗狗從籠內放出

來，牽著狗狗去散步，也讓爸爸親自餵狗一些零食，並且在狗狗仍處於高漲興奮情緒的時候，果決的結束爸爸與狗狗會面，我們會把狗牽回訓練師的手中，由訓練師帶狗回籠，目的在於製造狗狗意猶未盡的感受，讓狗狗更加的期待爸爸的再次出現。

如此，進行了一段時間的心理戰之後，當我確定狗狗對爸爸的感情已經重新建立起來，我便會請其餘的家人，跟著爸爸一起出現在狗狗的面前。這時，我會一旁觀察狗狗對所有家人的情緒反應是否一致，如果都沒有問題，那麼，就會進行移交訓練。

這段期間，我們訓練狗狗提高服從性、提高穩定性，透過移交訓練，將我們對狗狗的訓練成效，轉移到飼主一家人身上，重新建立起狗狗對全部家人的服從性，如此一來，狗狗就不會再討厭爸爸，也就不會再咬爸爸了。

幼犬在口腔期所發展的假式攻擊行為

所謂幼犬的口腔期，意指在斷奶後正在長乳牙，或是正在掉乳牙長恆齒的幼犬，這個時候的幼犬很喜歡四處亂咬亂啃，舉凡傢俱、鞋子、籠子，甚至於人的手或是人的腳，都會是啃咬的對象。啃咬物品可能是因為要長牙、換牙的緣故，那麼，幼犬時期的咬手咬腳算是攻擊行為嗎？

很多飼主在來電諮詢時這樣描述：「我的狗狗現在四個月齡大，很喜歡咬我的手，並且一邊咬一邊發出一種低吼聲。」

通常我都會緊抓住機會，教育這些飼主們一個觀念，幼犬現階段的咬手，其實並不算是真正的攻擊行為，這對幼犬而言，只是一種遊戲，一種模仿攻擊狩獵的遊戲，因為此時的幼犬，他的情緒並不是異常的激動或是異常敏感，他只是天性本能發展出狩獵的性格，把你的手當成了假想敵。

那麼，該不該允許口腔期的幼犬咬你的手呢？我認為，應該要讓口腔期的幼犬咬你的手。幼犬的口腔期必須實際以人手下去操作，唯獨人手才會有痛覺的判斷。

口腔期的幼犬在咬你的手時，儘管他將你當作是假想敵，但是他仍然清

楚地知道，你並不是真正的敵人，因此，我贊成允許這個時期的幼犬，藉由咬你的手的動作，來學習咬勁的力道控制，讓他懂得該用甚麼樣的力道與你互動、遊戲。

至於具體的學習方法步驟，我建議如下：

請先將雙手清洗消毒乾淨，避免將細菌病毒傳染給抵抗力低的幼犬，然後主動伸手，邀請幼犬讓他咬。過程中，一旦幼犬把你咬痛的時候，請你立刻終止，轉過身來背對著他，然後離開現場。這時，你必須態度堅定的拒絕，並馬上離開，不可嬉鬧玩笑，如果混淆了幼犬對這個動作的理解，他可能會繼續追上來咬你。

重複幾次這個流程，每一次都運用主動終止指令來教育幼犬，他會從中學到，如果使用的力道與方式不對，使你感到痛或甚至受傷了，遊戲就會終止，動作就會被禁止。

當幼犬慢慢長大成熟後，他咬勁控制已經根深柢固的存進腦袋記憶庫裡，日後，你若有需要幫他打開全口檢查牙齒，或是需要口服塞藥等去動到嘴巴的時候，他就知道要控制好力道，不去弄痛你或讓你受傷。再次提醒，幼犬口腔期練習的過程中有受傷的可能，請飼主自行斟酌決定練習方式。

漢克這樣說

> 不要用你自以為對的方式去教育狗，尤其是採用暴力打罵的方式，這會讓狗的性格變得更加敏感。

HELP! 別亂教你的狗－
我的狗會咬人

一起吃飯、睡覺、坐腿上、經常抱狗

狗便溺、吠叫、破壞

寵過頭 ⬇

自主意識過高，狗眼看人低

奴婢 給皇上請安。

打 ⬇

打

- 害怕防衛 摸到會咬
- 仇視 看到會咬

強化 → **再打** → 強化

打過頭

攻擊行為

汪汪汪 嚇 好痛！ 咬

案例二　結紮後的狗狗就不會咬人了嗎？

「漢克老師，我養了一隻一歲半的柴犬，他在家裡很緊張，無法安心自在的入睡，一有風吹草動便馬上警戒，而且他會咬主人，是無預警性的咬，都是咬著不放到見血的那種。結紮後狀況依然沒有改善，想請教您有什麼解決方案？」這是一封來自於陌生犬友傳來的訊息。

我時常見到在成犬咬人的相關文章裡，有人留言說，將狗結紮就不會咬人了的謬論。我也曾經遇到過飼主帶著狗來找我，跟我說他的獸醫師說，狗只要結紮就不會再咬人了，但是他的狗卻在結紮後變得更兇，尤其是當獸醫師為這隻狗看診時，整隻狗更處在一種極度防備的情緒中。

結紮手術與獸醫師有關係，但狗的攻擊行為矯正則與獸醫師沒有絕對關係！

還有一點要先讓大家瞭解，任其性格自然發展的狗，不論是對人或是對狗的攻擊，通常具有攻擊性的公犬，比例遠高於母犬。

這樣來說好了，睪酮（Testosterone）是雄性激素之一，公犬主要是透過睪丸細胞生產睪酮，睪酮對公犬而言是很重要的激素，因為它們會產生公犬的特徵，讓身體和思想都變得雄性化。因此，若幼犬時期便給予結紮，那麼其天生性格未被成熟的睪酮影響，的確對於狗將來成犬後的性格，會趨向於穩定的發展，較不會逞凶好鬥。

但是成犬時期才給予結紮，其天生性格已經被成熟的睪酮影響，性格已經定型了。因此，透過結紮讓一隻具有攻擊性的成犬不再攻擊咬人或是咬狗，是一種不合理的說法。也就是說，具有攻擊性的成犬，必須透過正規訓練來矯正，才是正確的對症下藥方式。

3-3 攻擊行為：咬陌生人

　　愛犬在家裡時，會不准任何人踏進家門一步，或者訪客進來家中，也只能動也不動的坐著，訪客一站起身，狗狗就會開始戒備並準備攻擊，但是狗兒在室外時，卻對所有的人都非常友善。

　　通常在室內才具有攻擊性的狗，絕大多數都是因為地域性所引起的攻擊行為，只要確實進行籠內訓練，將狗狗的地域性縮減至籠內，這個攻擊行為自然而然就能解決了。

　　牽著愛犬出門散步，凡經過他身邊的陌生人，他都會以瘋狂吠叫回報，然後衝上前攻擊。有時候他甚至不吠叫，以突發的、冷不防的突擊陌生人。或是，狗狗的性格異常敏感，除了不准任何陌生人接近他或觸摸他之外，對於特定裝扮人士或是特定年齡的人具有攻擊性，例如戴帽子的人、拿拐杖的人、拿雨傘的人、跑步的人、老年人、小孩子等，或是特別針對獸醫師、寵物美容師具有攻擊性。

　　狗所有的攻擊行為，除了與本身的品種有關之外，其實大多數仍然與後天人為的教育脫不了關係。我所倡導的狗狗教育，並非是針對某種指單一情形特別去進行的事，而是在日常生活裡不經意發生的事情，都屬於我教育裡的一環。

　　狗狗會攻擊拿拐杖、拿雨傘的陌生人，可能是因為狗狗曾經在路上被人拿拐杖、拿雨傘驅逐，或是暴力對待過；狗狗會咬獸醫師，最常見的原因是，獸醫師要為狗狗打預防針，首先，狗狗會被抱起來放在診療台上，診療台的高度先讓狗感到害怕了，當針插入肉裡，痛覺也出現了，因此，狗狗對獸醫師產生不好的印象連結。

　　正如同狗會咬飼主一樣，狗會咬陌生人，一定都是存有著某種誘發原因。若訓練師可以瞭解誘發的原因，我們就能直接對某件人事物做減敏訓練，例如，狗狗被陌生人拿拐杖、拿雨傘暴力對待過，我們在進行減敏訓練時，

便會手持拐杖、雨傘來進行教學，也會安排其他狗狗認識的人，手持拐杖、雨傘，來來回回的在狗狗身邊走動，並同時請這些人給予狗狗獎勵，重新讓狗狗建立新的連結，建立一個拿拐杖、拿雨傘的人會給他獎勵的新連結，進而讓狗狗不去排斥拿拐杖、拿雨傘的人。

若訓練師不知道誘發原因是什麼，就要觀察狗狗針對的對象有什麼特點，例如，狗狗專咬體格魁梧並且穿著深色衣服的男性。我們進行服從訓練，在行進間，讓訓練狗狗的專注力只放在訓練師身上，完全無視週遭環境裡的人。此時，如果恰巧有符合特點的人經過，我們會安撫狗狗，要求狗狗坐下，讓狗狗靜靜的、安穩地注視著那個人離開。

雖然理論如此，但是訓練師通常不會單純只進行單一的訓練課程，我們會同步進行服從訓練和減敏訓練，除了讓狗狗坐下看著拿拐杖、拿雨傘的人離開之外，將訓練做一個變化，特意去讓狗狗特別喜歡上體格魁梧且穿著深色衣服的男性，這樣也是可行的。

建立狗與獸醫師＆寵物美容師之間的良好連結

再來，就是狗狗害怕看獸醫，或是專咬獸醫師、寵物美容師這件事，如果你飼養的是幼犬，請在遛狗散步的同時，多帶狗狗往獸醫院和寵物美容院走走，讓狗狗認識、熟悉獸醫師和寵物美容師，增進狗狗對特殊環境與特殊人物的社會化能力。不妨可以直接向獸醫師和寵物美容師說明來意，我想基本上大家都很樂意幫忙。

為什麼要這樣做呢？

大部份的幼犬性格如同是一張白紙，你給他什麼樣的環境與教育，他就會發展成為什麼樣的性格。我們看過有些人飼養的狗狗，到了獸醫院會緊張到全身發抖，甚至張牙舞爪，怎麼樣都不肯獸醫師觸碰他的身體，相反地，我們也看過獸醫師自己飼養的狗，每天生活在獸醫院裡，卻是一整個處於情緒放鬆的狀態。這就是我想要說的，狗狗所建立起來對於特殊環境的連結。

如果你的狗每次上獸醫院不外是打針抽血，讓獸醫師東摸西摸觸診，甚

別亂教你的狗－
我的狗會咬人

至還要被壓制照 X 光，或是掃超音波，在狗狗的心理層面上，猶如建立起一種異常連結，就是去獸醫院，看到獸醫師都沒有好事發生，久而久之，讓給狗狗愈來愈恐懼上獸醫院。

我們可以刻意的在散步時將獸醫院作為固定的必經之點，請獸醫師摸摸狗狗模擬觸診動作，讓狗狗站在診療台上幾分鐘，我們可以準備一些零食讓獸醫師餵狗狗吃。長期下來，狗狗會習慣獸醫院裡的環境，也習慣獸醫師的觸摸，這能在將來當狗狗真正需要診療時，能夠幫助降低狗狗對獸醫師與看診的緊張與防備。

如果你的狗已經錯失了對特殊環境、特殊人物的社會化練習，或是你所飼養的狗本身的性格就容易攻擊咬陌生人，那麼在日常生活中，一定要讓狗狗習慣配戴口罩。配戴口罩的目的，是為了保護獸醫師與寵物美容師，讓他們可以順利的為狗看診與寵物美容。千萬不要小看建立「習慣」的動作，總不能讓狗狗病到奄奄一息，無力攻擊咬獸醫師時，才帶去獸醫院治療，總不能每次要美容洗澡剪趾甲，都要請獸醫師先麻醉，再帶去給寵物美容師處理吧。

當狗接受過嚴格的服從訓練後，除了狗狗本身的服從性提高了，自然狗狗本身的穩定性也會提高，同時狗狗的敏感度也會降低，對於過去讓狗狗感到害怕，或是討厭的獸醫師、寵物美容師，也就不會那麼害怕或是厭惡了。

漢克這樣說

不要等到狗狗生病受傷了才去找獸醫師看診，應該時常帶狗狗去找住家附近的獸醫師串門子，讓狗狗習慣獸醫師的觸摸（觸診），並且自行準備狗狗愛吃的零食，請獸醫師代為餵食獎勵狗狗，讓狗狗對獸醫師產生信任與好感，當狗狗真的有病痛時，對於獸醫師看診動作就不會過份反感排斥。

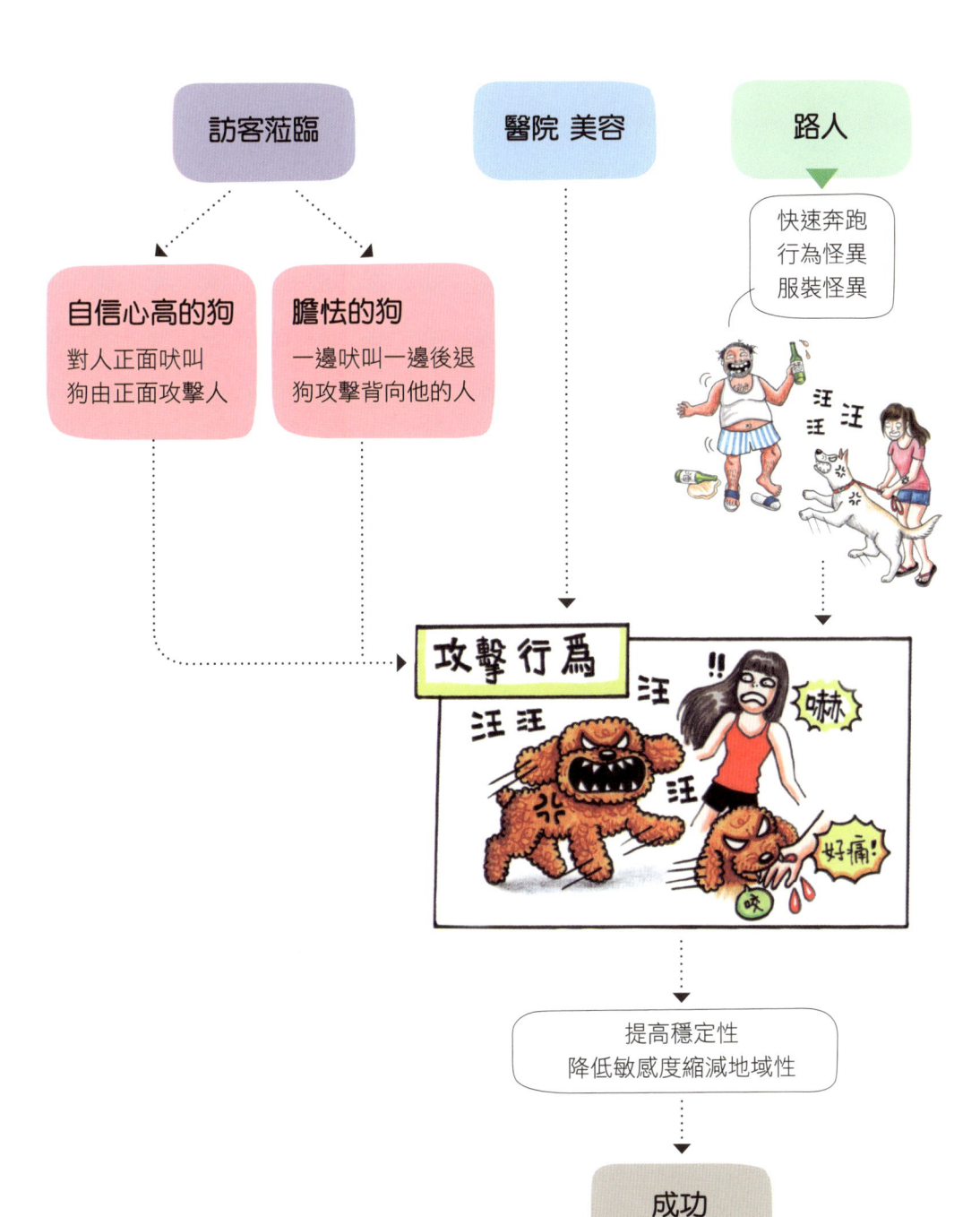

CHAPTER 3 把訓練融入生活

```
┌─────────────┐        ┌─────────────┐        ┌─────────────┐
│  訪客蒞臨    │        │  醫院 美容   │        │   路人       │
└──────┬──────┘        └──────┬──────┘        └──────┬──────┘
       │                      │                      │
       ▼                      │                  快速奔跑
┌──────────────┐ ┌──────────────┐                行為怪異
│ 自信心高的狗  │ │  膽怯的狗     │                服裝怪異
│ 對人正面吠叫  │ │ 一邊吠叫一邊後退│
│ 狗由正面攻擊人│ │ 狗攻擊背向他的人│
└──────────────┘ └──────────────┘
```

攻擊行為

提高穩定性
降低敏感度縮減地域性

成功

案例三　莫名攻擊咬路人的杜賓犬

　　他是一隻流浪杜賓犬，身形高大步伐靈敏，救援他的人是一對寵物美容師夫婦。

　　收養後，主人發現牽杜賓犬出門散步時，杜賓犬會莫名其妙的去攻擊經過身邊的陌生路人，且杜賓犬完全沒有任何警示動作，是以迅雷不及掩耳的動作，直接撲上前攻擊咬人。

　　我建議由飼主把杜賓犬帶過來犬舍讓我每日親訓，若是到府教學，那麼我本身對杜賓犬而言也是陌生的路人，代表我也極容易被杜賓犬攻擊，更別談要去訓練矯正他的異常行為；又或者是當我硬著頭皮穿上防護衣進行訓練矯正，若杜賓犬咬傷了週圍的路人，那也是我所不願意見到的。

　　在我開始訓練這隻杜賓犬前，首先我需要與他建立起深厚的感情，每天餵他吃飯、跟他聊天打屁，不管他是否聽不聽得懂我在說什麼，總之就是把自己當作傻瓜似的不斷去找他聊天，靜待時機成熟。我思考過，一開始的訓練環境不能在室外開放空間，我選擇在犬舍室內，在放狗場裡進行前置訓練，那是一個相對安全封閉的訓練環境。

　　有很多訓練師在教狗時，整個過程都會選擇在安全封閉的環境裡進行，也許是四週有圍籬的草坪，或者是在都市大樓裡教室內，不難理解在這樣環境裡，狗不容易被外界環境刺激和影響，狗可以很專心的跟著訓練師上課。

　　但大家是否想過，狗受訓完畢後，當飼主帶狗離開訓練環境，回到了一般生活環境後會如何，除非狗經過以年為單位的訓練週期，否則一般以月甚至以週為單位的訓練週期，通常狗狗重新踏入原有的生活環境，隨著時間經過，會慢慢又被打回原形。

我的想法是，訓練必須與實際生活結合，因此，在安全封閉的環境裡，我教好教穩這隻杜賓犬後，我便開始移地訓練，每天都帶杜賓犬出門，專往人多的地方走動，目的是要讓杜賓犬習慣進入人群。

　　在讓杜賓犬進入人群的同時，除了維持一直給予的籠內訓練之外，我也改變他的便溺習慣，原本在放狗場任意隨地便溺的他，我開始牽著他出去室外馬路上便溺，每天帶出門數次。當他自籠內出來時，會擁有好心情，我就是要利用這個好心情搭配訓練，無形中去引導他出門後對外界環境產生好觀感的連結。

　　在雙管齊下的訓練後，杜賓犬習慣了人群，也變得喜歡出門，我成功矯正了他無預警攻擊咬陌生人的異常行為，更進一步他成為了寵物美容師夫婦的店狗兼親善大使，專門接待上門消費的顧客。

3-4 護食攻擊行為

對於一個動物來說,維持生命最重要的東西就是食物。

對於一個肉食性野生動物來說,當食物取得不易,或是長期缺乏食物,自然而然,將養成他搶奪食物的攻擊行為。

但是人類飼養的狗,為什麼會在食物充足的狀況下,仍然產生搶奪護食攻擊行為呢?

當狗打從娘胎出生後,為了填飽肚子,狗狗們會依照先天本能反應,去搶奪母親的奶水,這種搶奪行為是正常的本能。

狗斷奶之後,我們開始給予狗各式各樣不同的食物,不論是市面上琳琅滿目的飼料,或是飼主細心料理的鮮食,我們都希望讓狗兒吃的健康又營養。

但是重點來了,並不是每一款飼料成分都符合每一隻狗的身體需求,即使是飼主親手料理鮮食,也不見得可以完全符合狗的需求,當長期攝取的養分不足,或是長期缺乏動物性蛋白質,狗的大腦裡會時常出現饑餓感訊息,這個時候,狗會特別重視你所給予的食物,他會吃得很快很急,他會萬分重視這些食物,他不允許任何人接近正在進食的他,甚至他已經將碗內的食物吃完了,也不允許你收走空碗。

是的,搶食是狗正常的行為,但若因搶食而產生攻擊,那麼就是一個具有問題的行為了。

通常,護食攻擊行為的對象有兩種,一是對人產生護食攻擊,二是對狗產生護食攻擊。

我們先來談談狗對人產生的護食攻擊行為。

除了因為長期吃不飽而產生的攻擊行為之外,還有幾點是我們必須瞭解的。一是狗對人的不信任,二是人與狗之間的主從關係不正確,三是狗對於進食的環境沒有足夠的安全感。

若是三四個月齡左右的幼犬對人產生護食攻擊行為,九成原因是長期吃

不飽所形成的隱性飢餓。所謂「吃不飽」不完全是指食物的份量多寡，而是長期缺乏動物性蛋白質，這是產生隱性飢餓的主因。這個時候只需要更換優質的飼料，或是添加足夠的肉類食材，時間一久，自然就不會護食攻擊了。

若成犬對人產生護食攻擊行為，我們一定要先檢討過去幾年來的飲食內容物，以及飲食的份量，也許你的狗在飢餓感的狀況下，已經這樣生活了好幾年了。但需要注意的是，成犬與幼犬因為吃不飽而產生的護食攻擊行為有不同之處，成犬的主觀意識已經發展成熟，所以成犬的護食攻擊行為已經成了習慣性的條件反射。

若成犬只有在進食時會護食攻擊人，在非進食時都很正常，那麼我們只需製造出一個能夠讓狗安心進食的環境。除了進行籠內訓練，讓狗可以安心的在籠內進食之外，也可以選擇一個固定的角落讓狗進食。在狗進食的時候，我們要做到完全不打擾狗，時間一久，狗就知道他可以安心的進食，自然而然，就不會再出現護食攻擊行為。

若是成犬在進食時會護食攻擊人，人也無法徒手餵食零食給狗吃，甚至連已經吃完了的空碗都不讓你收走，這就代表狗對於護食攻擊行為產生了習慣性的條件反射，發生這個狀況，已經不是在書本上可以指導的，請尋求正規的訓練師來協助矯正狗的護食攻擊行為。

再來，我們來談談狗對狗產生的護食攻擊行為。

狗是能夠群體生活的動物，在群體生活中會出現一個領袖，然而在領袖不明確時，哪隻狗優先進食，那隻狗就會認為自己是領袖，但是另一隻狗卻不認同，所以他們就會在進食時打架互咬。

這個時候我們可以人為介入，替他們建立起領袖狗，又或是他們全部都不是領袖，只有主人自己才是領袖。

不過人為介入有相當程度的難度，就如同我們要讓自己在狗群裡成為領袖也具有相當程度的難度，所以這個部份，我建議應當由正規訓練師來處理才是合適的。

說真的，狗群若在進食時會彼此護食攻擊打架互咬，最簡單、最基本我

們能夠做的是分區餵食，將狗群依照進食速度、進食習慣與體型大小的不同，劃分出各自獨立的進食區域，讓他們能夠安心的將自己的食物吃完。

漢克這樣說

請學習去忽略正在進食的狗。

案例四　會強搶人類小孩手中食物的哈士奇

在我的教學生涯裡，曾經出現過一個案子，我們送養出去的哈士奇，會去搶奪認養人八歲孩童手中的食物，甚至於認養人帶狗出門，哈士奇見到路過的小孩手中拿著食物，他也會衝上去搶過來吃。

接獲認養人反應這樣的狀況，是哈士奇被認養回去不到兩個月的時候，當時哈士奇只會單一搶認養人八歲孩童手中的食物，因此，我判定是人犬關係不正確，畢竟人類的身高對於狗的位階關係，存在著某種程度上的關連，而那隻哈士奇的體型與那八歲孩童差不多。

但是當我再次接獲到認養人反應，告訴我哈士奇也會搶食公園裡小孩子手中的食物時，我明白事情應該不是我想的那麼單純。我詢問認養人，給哈士奇的主食是什麼？果然不出我所料，認養人給哈士奇吃的是大賣場裡販售的廉價飼料，是一種成分與養分都很低廉的廉價飼料，對原始型犬種的哈士奇來說，這種飼料所提供的動物性蛋白質是遠遠不夠的，尤其這隻哈士奇的體型較大，體重約有 32 公斤（混合了阿拉斯加瑪拉穆的基因），這樣的體質對於動物性蛋白質的需求量更高。

由此可知，這隻哈士奇在送養出去前，在犬舍的餵食管理下得到充足的養份，因而不曾出現過向人類小孩搶食的行為，但是在被認養人帶回家沒幾個月，就出現搶食行為，追究原因就是日積月累吃不飽，但又不敢搶成年人手中的食物，所以只好欺負較年幼的小孩。

很遺憾地，認養人不願意再繼續飼養這隻哈士奇，即使他們已經知道問題點出在飼養方式上。因此，我再次將哈士奇接回犬舍繼續中途，同樣餵食給予高優質飼料，搭配固定時間出門散步，就再也沒見到這樣的搶食行為了。

HELP! 別亂教你的狗 — 我的狗會咬人

咬人
給予正餐、零食時；
進食中靠近狗時；
食後要收碗

咬狗
不允許其他狗靠近；
發餐中搶食

好痛!!
咬

攻擊

不打擾安心進食
籠內訓練

消除隱性饑餓
提供足夠的動物性蛋白質

檢視餵食份量、餵食內容物是否足夠與正確

建立進食規矩

成功

CHAPTER 3 把訓練融入生活

單犬家庭

籠內訓練： 建立環境安全感

↓

建立進食規矩與習慣

↓

依然出現護空碗或護未吃完食物

↓

人忽略行為
直接帶出籠
籠外訓練與遊戲

（圖中對白：不准碰我的碗！！ / 散步囉！）

多犬家庭

管理面： 分區餵食
訓練面： 建立進食規矩與習慣

HELP! 別亂教你的狗－
我的狗會咬人

3-5 占有攻擊行為

　　狗對人類產生護食攻擊行為，主要的成因在於狗對進食的空間或環境沒有安全感，或者狗長期處於飢餓感的狀態，便容易引起狗的護食攻擊行為。這樣的護食攻擊行為，通常都會在狗進食完畢後解除警報。

　　但是另外還有一種狀態，就是狗他自己不吃飯，卻也不讓你將飯碗收走，甚至於當狗自己離開了飯碗，但他發現你要去收飯碗的時候，立刻怒氣沖沖的衝回來攻擊你。

　　或是還有一種常見狀況，狗狗獲得了難得的雞腿、牛排甚至大骨頭（備註：我不建議給狗啃豬的骨頭，若真的需要讓狗啃骨頭磨牙，我建議選擇半生熟牛膝骨，只要經過川燙殺菌，半生熟的骨頭比較有彈性、更耐咬，並且比全熟的骨頭安全多了），狗狗愛死了這些難得的食物，進食時會顯得異常興奮。雞腿與牛排還好，只要吃下肚子裡就沒事了，但是大骨頭是需要啃很久的食物，往往狗狗自己啃不完即使丟在一旁，也不願意讓你將大骨頭收走。

　　上述所提的飯碗、大骨頭，物品對象有可能換成是玩具、是球、是娃娃，甚至是脫下來的衣服、內衣或是襪子。這樣具有高強度占有慾望的行為，我稱為「占有攻擊行為」。形成占有攻擊行為的原因很簡單，因為狗狗他不常見到這樣的食物或是物品，狗狗又特別喜歡這樣的食物或是物品。

　　狗的占有攻擊行為與狗對人的服從性之間有相關連的關係，因此，可以透過服從訓練來矯正，一旦狗對你的服從性足夠，你叫狗狗將含在嘴裡的食物吐出來，他就會吐出來；即便是壓在狗狗身體下的物品，你也可以直接伸手拿出來。

　　服從訓練是一系列很複雜的技術，需要至少以月為單位長時間訓練，無法簡單透過文字描述指導大家如何進行，不過，我仍然可以在此指導大家另一種訓練方式。

　　我認為高明的訓練師，應該教狗於無形之中，以下，我用網球與裝著食

物的碗為例，大家可以自行更換為令自己的狗產生占有攻擊行為的物品。並請記得，所有的訓練在成功後都有可能隨著時間經過而被淡忘，必須要將訓練融入到日常生活中。

動態占有攻擊行為

動態的占有攻擊行為比較容易處理，狗的占有慾是來自心情開心、開放的情緒下所形成。具體例子是，給狗狗一個網球，他會開心的不得了，一直玩一直玩，從早到晚都跟這個網球形影不離。即使網球髒了或破了，也不願意讓你取走，你若硬是取走這顆球，狗就會攻擊咬你。

矯正的方式很簡單，請準備一模一樣的十顆、二十顆，甚至三十顆球。讓狗一邊玩球，你在一旁不斷的喊他過來，然後連續給他第二顆、第三顆……直到用完手中的球。落在地上的球，也可以拿起來重複使用。

讓狗看著你撿起地上的球的動作，並讓狗不斷得到你給的球，反覆一段時間後，掉在地上的球慢慢一個一個收起來，同時同樣重複動作，直到剩下最後兩顆球為止。

此時，請呼喚狗狗過來，他可能嘴上正咬著一個球過來，也可能他會把球丟掉後空著嘴過來，這時候，請再給他第二個球，並且收起第一個球。

最後的重要步驟在這裡，經過反覆擁有大量充足球的體驗之後，剩下最後一個球，狗狗已瞭解不需要對球表現出高強度的占有慾，你可以選擇收起最後一個球，或是留給他最後一個球。

靜態占有攻擊行為

靜態占有攻擊行為的矯正比較有難度，狗的占有慾情緒是處於封閉且緊繃的狀態。以餵食這件事為例，狗狗將碗裡的食物吃完了，卻怎麼樣也不讓你把碗取走，他表現出相當珍惜這個碗，他可能會把碗咬進自己的籠子裡、睡窩裡，或者藏在桌子下面、床底下，然後，就一動也不動的守護著這個碗，並且不許任何人靠近，你若想要把碗取走，狗就會攻擊咬你。

矯正這種靜態占有攻擊行為，具體的方式如下，請準備一模一樣的十個、二十個，甚至多到三十個碗。除了不收走第一個碗外，繼續給他第二個、第三個……直到第三十個碗，一直給不斷的給，讓狗瞭解到你會不斷的給他碗，讓他愈來愈習慣你去收碗、拿碗的動作，這需要每天反覆練習，並且需要維持連續好幾天。進行了超過一週之後，在給狗第三十個碗時，請同時順勢取走其中一個碗。

一樣每天反覆練習，以週為單位進行兩個動作，一是漸漸將給碗的總數量減少，二是取走的碗總數量漸漸增加，讓狗在不知不覺中，不再這麼在意碗被拿走的這件事。

最後的階段只剩下最後兩個碗，當你給狗第二個碗時，請同時取走第一個碗。請注意，在訓練的最後階段，絕對不能留下碗，必須要讓碗徹底消失在狗的視線裡，不要讓狗的情緒再陷入了自我封閉的世界裡，務必要讓狗恢復到正常情緒。這是矯正靜態占有攻擊行為與動態占有攻擊行為，唯一不同的地方。

漢克這樣說

別再相信網路上、道聽途說，沒有根據的犬隻訓練與矯正方式，你的狗不是實驗室裡的白老鼠。

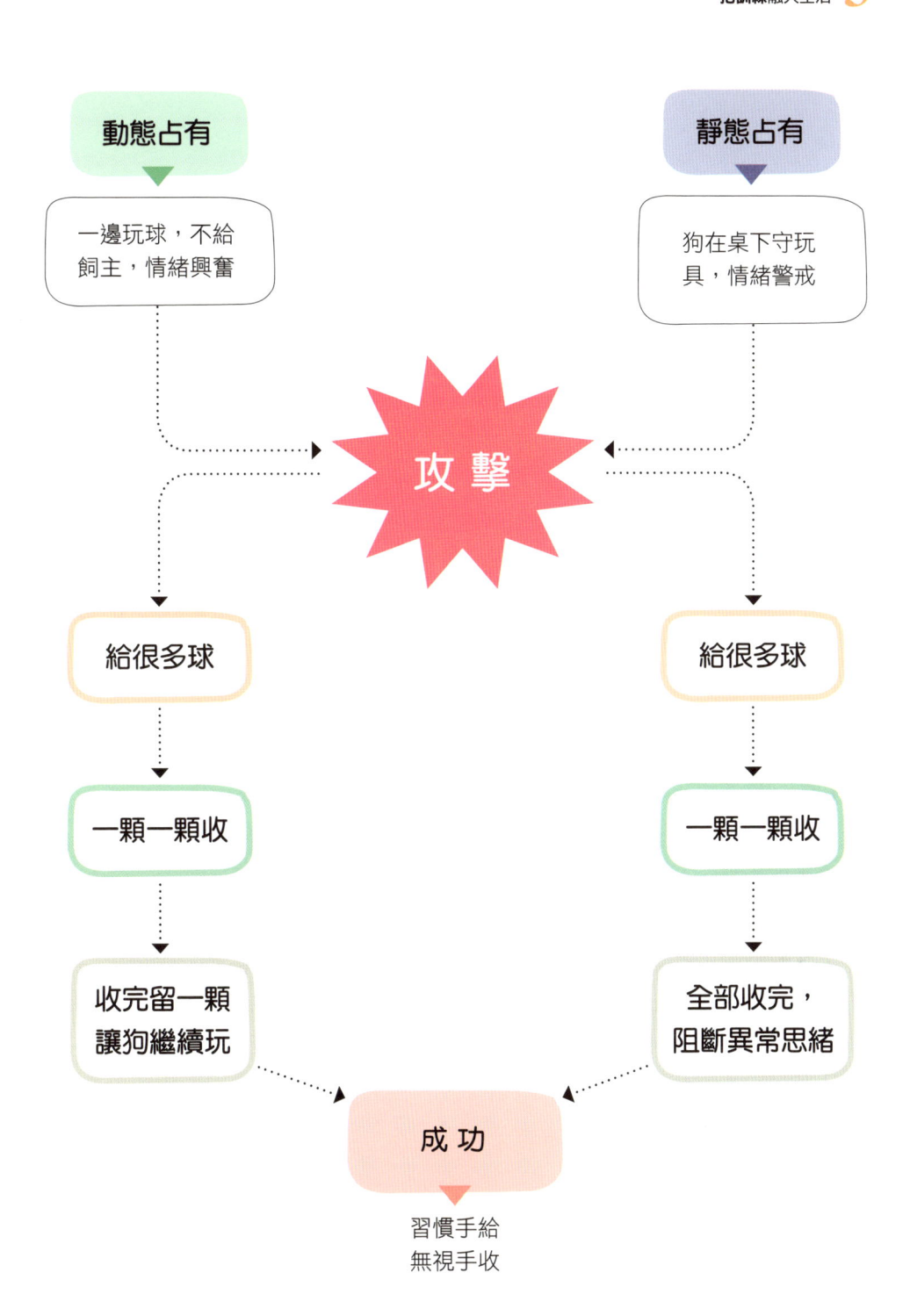

CHAPTER 3 把訓練融入生活

```
    動態占有                              靜態占有
       │                                    │
       ▼                                    ▼
  ┌─────────┐                          ┌─────────┐
  │一邊玩球，不給│                          │狗在桌下守玩│
  │飼主，情緒興奮│                          │具，情緒警戒│
  └─────────┘                          └─────────┘
       │                                    │
       └──────────────┐      ┌──────────────┘
                      ▼      ▼
                    ┌──────────┐
                    │   攻 擊   │
                    └──────────┘
                      │      │
       ┌──────────────┘      └──────────────┐
       ▼                                    ▼
  ┌─────────┐                          ┌─────────┐
  │  給很多球  │                          │  給很多球  │
  └─────────┘                          └─────────┘
       │                                    │
       ▼                                    ▼
  ┌─────────┐                          ┌─────────┐
  │  一顆一顆收 │                          │  一顆一顆收 │
  └─────────┘                          └─────────┘
       │                                    │
       ▼                                    ▼
  ┌─────────┐                          ┌─────────┐
  │ 收完留一顆 │                          │ 全部收完， │
  │ 讓狗繼續玩 │                          │ 阻斷異常思緒│
  └─────────┘                          └─────────┘
       │                                    │
       └──────────────┐      ┌──────────────┘
                      ▼      ▼
                    ┌──────────┐
                    │   成 功   │
                    └──────────┘
                         │
                         ▼
                      習慣手給
                      無視手收
```

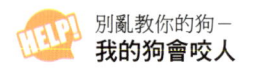

案例五　貴賓犬不讓家中的男主人上床睡覺 ➡

貴賓犬相當聰明，卻也有著獨具一格的性格，我的教學生涯裡有這麼一段故事。

一對夫妻結婚多年，他們養了一隻四歲的迷你貴賓犬，令他們感到很困擾的事情是，每當女主人上床睡覺時，貴賓犬便隨即跳上床，若男主人想要上床睡覺，貴賓犬便對其吠叫和攻擊，阻止男主人上床睡覺。女主人在浴室時，貴賓犬會坐在浴室門口守衛，不允許男主人經過浴室，也不准家中其他成員經過，會對經過的人吠叫和攻擊。

兩位主人最初按照犬隻訓練的電視節目上，類似案例的訓練方式來矯正這隻貴賓犬，但卻見不到任何成效。

這對我來說是一很容易處理的行為問題，不需要將貴賓犬抽離環境送到犬舍受訓，而是我直接到府教學。

當我到達時，我先告知兩位飼主一個重要觀念，電視節目在一開始會有說明字幕：「未經專業諮詢，請勿自行模擬實施訓練技巧。」因為狗的訓練，絕不單是靠著模仿訓練就能成功。

表面上看起來，這隻貴賓犬好像是在保護女主人，我卻不這樣認為，理由很簡單，只要離開家到了戶外，貴賓犬的行為便非常正常，跟一般的狗狗沒什麼兩樣，就算女主人也在身邊，男主人能摸也能抱狗，狗也不會對男主人吠叫和攻擊。

這其實是典型的人犬關係不正確，加上地域性發展而成的特定對象攻擊行為。

你可能會以為是貴賓犬與男主人之間的關係不正確，導致貴賓犬保護女主人而攻擊男主人，事實上完全相反，是貴賓犬與女主人之間的關係不正確。

在家中，是貴賓犬的私人地域，在他的地盤裡，女主人是他的「所有物」，為了保護，貴賓犬不准家中任何人去接近他的所有物，其中當然包括了女主人。

我是這樣處理，我先在戶外環境，修正貴賓犬與女主人之間的關係，並讓貴賓犬理解男女主人都是他的領導人。接著，我再進入家中室內環境，打破貴賓犬的地域性，重新建立新的人犬正確關係，順利的矯正了貴賓犬護女主人，而去攻擊咬男主人的異常行為。

3-6 驅逐攻擊行為

狗會產生地域性是與生俱來的本能，我們可以看看路邊的流浪狗群，當有一隻外來狗進入了狗群的地盤時，狗群的領袖就會率眾對其攻擊追咬，直到外來狗被咬死或是離開了狗群的地盤，才會停止繼續攻擊。

倘若被攻擊的對象是人類呢？

通常流浪狗群都會主動遠離迴避人類，但如果你不小心踏入了流浪狗群的地盤，而狗群卻又毫不迴避直逼向你而來時，該怎麼辦？若狗群沒有直接阻斷你的路線，請你放慢腳步，你可以選擇繼續往前走，或是面對著狗群向後退緩慢的離開。若狗群將你包圍了，你可以作勢彎腰假裝撿拾石頭，待狗群的包圍圈鬆開時，請你動作緩慢的後退離開，千萬不要用跑的離開，否則很容易激起狗群的追咬行為。

除了流浪狗群會有地域性之外，一般的家犬也會產生地域性。地域性強一點的狗會攻擊咬人，地域性弱的狗則會大聲吠叫。

家犬的地域性是在守護他自己的地盤，對其共同生活在同一個地盤的家人，是不會產生任何形式的驅逐行為。這「家人」的定義是由狗自己去定義的，比如你的父母長輩親戚來訪時，由於未曾住在一起，那麼狗仍然會將他們定義為外人。

又或者是夫妻二人養狗多年，這狗每天都在家裡自由活動，當妻子懷孕生產後，家裡多了個嬰兒，對地域性高的狗而言，這個嬰兒也是屬於外人，狗有可能會主動去攻擊咬嬰兒。直到他認識了嬰兒，直到他確認了嬰兒不具有威脅性時，狗才會漸漸降低防備心。

讓地域性高的狗過度的自由並不是好事，他每天在家自由活動，當屋子外頭有聲響時，狗就會開始吠叫，當這個聲響愈來愈接近家裡時，狗的吠叫聲會顯得愈來愈大聲、愈來愈急促。當有外人來訪時（這「外人」是由狗自己去定義的），狗會衝上前面對外人大聲吠叫，飼主也許會在當下阻止狗的

吠叫行為，但是卻不是根本的解決辦法，這外人在家無法隨意走動，也許只是從坐椅上站起身來，狗就會衝上前去咬他！

家犬的地域性是可以縮減的！只需要進行籠內訓練即可（詳細請參考第65頁籠內訓練）。籠內訓練會將籠子安排在屋子的最深處，注意通風和溫度，不要讓籠子面對著大門。每次放狗出籠活動時都要限制時間，或是直接帶出門去散步去運動，回到家後就直接關籠，又或是當狗出籠後在家裡室內想要趴下休息時，就直接將狗再關回籠子裡。目的是要縮減狗的地域性，並且將地域性縮減範圍到籠子裡頭。

漢克這樣說

許多飼主都喜歡看著狗自由自在的活動，但是我們必須要知道，只有在狗狗毫無任何的行為問題時，狗狗才能享有隨心所欲的自由權。

HELP! 別亂教你的狗－
我的狗會咬人

對人
- 郵差
- 新生兒
- 地域性

護主

對狗
- 爭寵

攻擊

- 縮減地域性 提高穩定性
- 降減敏感度
- 創造新連結

外來狗
- 縮減地域性
- 加強狗對狗社會化

自家狗
- 要求飼主一視同仁
- 提高對狗飼主服從性
- 建立狗與狗平等位階關係

成功

案例六　會衝上前攻擊咬樂器的西高地白㹴

　　有一個令我印象深刻的案例，是一隻西高地白㹴，飼主告訴我他有四位室友，全部都是音樂愛好者，家中擁有吉他、小提琴、長笛、薩克斯風和鋼琴等樂器，只要有人將樂器拿出來，狗就會衝上前去攻擊咬樂器，若樂器發出聲響，狗就會一邊大聲吠叫一邊猛力攻擊樂器。

　　狗狗這樣的行為是在表達他要驅逐這些令他感到不舒服的樂器。

　　我初步判斷，這個行為問題不需要讓狗抽離環境來到犬舍受訓，直接安排到府教學即可。

　　我先在室外環境，將狗的服從性和穩定性訓練起來，接著我請飼主將樂器拿出來，飼主當時拿出一把吉他，當吉他防塵套一脫掉，狗蠢蠢欲動想要攻擊吉他，但由於狗被我要求待在我的腳邊不能亂動，因此順利的控制住狗對吉他的攻擊行動。

　　狗能夠接受我的控制只是訓練的初期目標，想要完全矯正這個行為問題，必須由狗的內心思想著手。我選擇的訓練方式，是讓狗對吉他和吉他聲音無感的減敏訓練，與大部份訓練師採用的聲響連結訓練方式有所不同。

　　我要求狗將注意力放在我身上，我會不斷變換行進方向和速度，並請飼主跟在我身旁，並同時彈奏吉他。很快的，狗便將注意力完全放在我身上，並且十分期待我所給予的獎勵和稱讚，完全沒有再去理會一直都存在著的吉他聲。

　　接著，我們進入室內課程，請室友們將每一樣樂器都拿出來演奏，一時之間各式樂器聲響大作，狗也完全無視對這些樂器的出現和聲響，狗的眼裡完全只有我的存在。

　　最後，我進行籠內訓練和移交訓練，籠內訓練是讓狗能夠安心靜心的在籠內獨處，移交訓練是讓狗能夠服從飼主的要求，也要讓狗的眼裡只有飼主的存在。到府教學的當天，我順利矯正了狗的行為問題。

3-7 挑食行為：是挑食還是厭食？

狗狗不吃飯的原因大致上可以分為兩種，一是挑食，二是厭食。

先來談談挑食。

目前在台灣，大多數狗狗的主食是以飼料為主，本文以餵食飼料矯正的方式來進行探討。

首先，我同意，矯正挑食最有效的方法是餓肚子，但是餓肚子是有技術性的，不是單純讓他餓肚子而已。

曾經有一隻三歲的狗到犬舍來矯正挑食行為，原本飼主是讓他餐餐吃便當和麥當勞，從幼犬開始一直吃到三歲，直到遇見了我為止。

當訓練開始，我限制他只能吃高養分的進口飼料，頭三天他都不吃，第四天吃了一小口，接著連續三天不吃，第八天時吃了八十公克，接著又連續五天不吃，第十四天時，把兩百五十公克重的飼料全部吃光，第十五天後就不再挑食了，不論我餵多少飼料，他都會全部吃光光。

另外一隻我曾經教過的兩歲哈士奇，他也是嬌嬌個性，以往吃飯時，飼主是跪下來拜託他求他吃幾口，但他還不一定會吃！這隻哈士奇送到我這裡受訓，他只吃十幾顆飼料之後，就可以三天不吃飯，一整個月下來，飼料居然吃不到一公斤，我依然堅持「不吃就收的原則」，一個月後，他開始吃了，從那時開始，不論我餵多少飼料，他都會全部吃光光。

還有一隻古靈精怪的狗，吃飼料時，只挑吃拌在裡面的肉或是罐頭，在他只有三個月齡大就學會了挑食。一樣到犬舍後，我只單純餵予高養分進口飼料，並且堅持「不吃就收」的原則，他來我這裡受訓後第三天便不再挑食，同樣的，不論我餵多少飼料，他都會全部吃完，順帶一提，每次餵飯時他都會興奮的一直吠叫。

但當他受訓畢業回家後，回家的第一餐他就不吃了，這是因為他在測試飼主的底線，之後也仍是愛吃不吃，聽飼主說，他還會慫恿另一隻同住的狗

也不要吃。奇妙的是，每次這隻狗來到我的犬舍住宿，他都會乖乖吃，為什麼在自己家都不吃？他真的會叫另一隻狗一起不吃嗎？

問題的根源，還是飼主本身，當這狗狗們不吃時，飼主並未堅守「不吃就收」的原則，飼主因為心軟餵了零食，這兩隻狗就開始拿翹了，他們知道在進食這件事上，狗狗們已經掌握了主導權。

矯正挑食期間只能餵食乾燥飼料，一定要選擇進口高營養價值的飼料，飼料份量由多至少，餵食時間由長至短，同時搭配適度運動和活動，並且妥善建立狗狗與你之間正確的關係，使狗狗瞭解你的決心，待每次餵食時，狗都會很期待並且將碗裡的飼料都吃光，這個時候再將飼料的份量由少至多的補回來。期間內還必須留意狗狗的飲水量，注意狗的血糖高低（可按壓牙齦觀察回血速度）與精神狀態，如果需要，可以在狗狗喝的水裡添加葡萄糖，避免產生低血糖癲癇與休克，如此就能有效又安全的矯正挑嘴行為。請特別注意，身體不健康的狗，或是年紀很大的老年狗，不適用「不吃就收」這個方式。

來談談厭食。厭食與挑食最大不同之處，在於狗狗的精神狀況和身體狀況。

挑食的狗，其身體健康且精神飽滿，單純就是對常吃的食物不感興趣；厭食的狗，在非餵食期間，其精神是萎靡的，身體是不健康的。我們必須透過獸醫師診斷，瞭解厭食背後所隱藏的各式原因，慢性消化性潰瘍、慢性肝炎、慢性胰臟炎，甚至長期消化不良，都會導致狗狗產生厭食。

漢克這樣說

矯正挑食期間，除了正餐之外，不另給予任何食物，務必要讓狗瞭解你的決心。

別亂教你的狗 —
我的狗會咬人

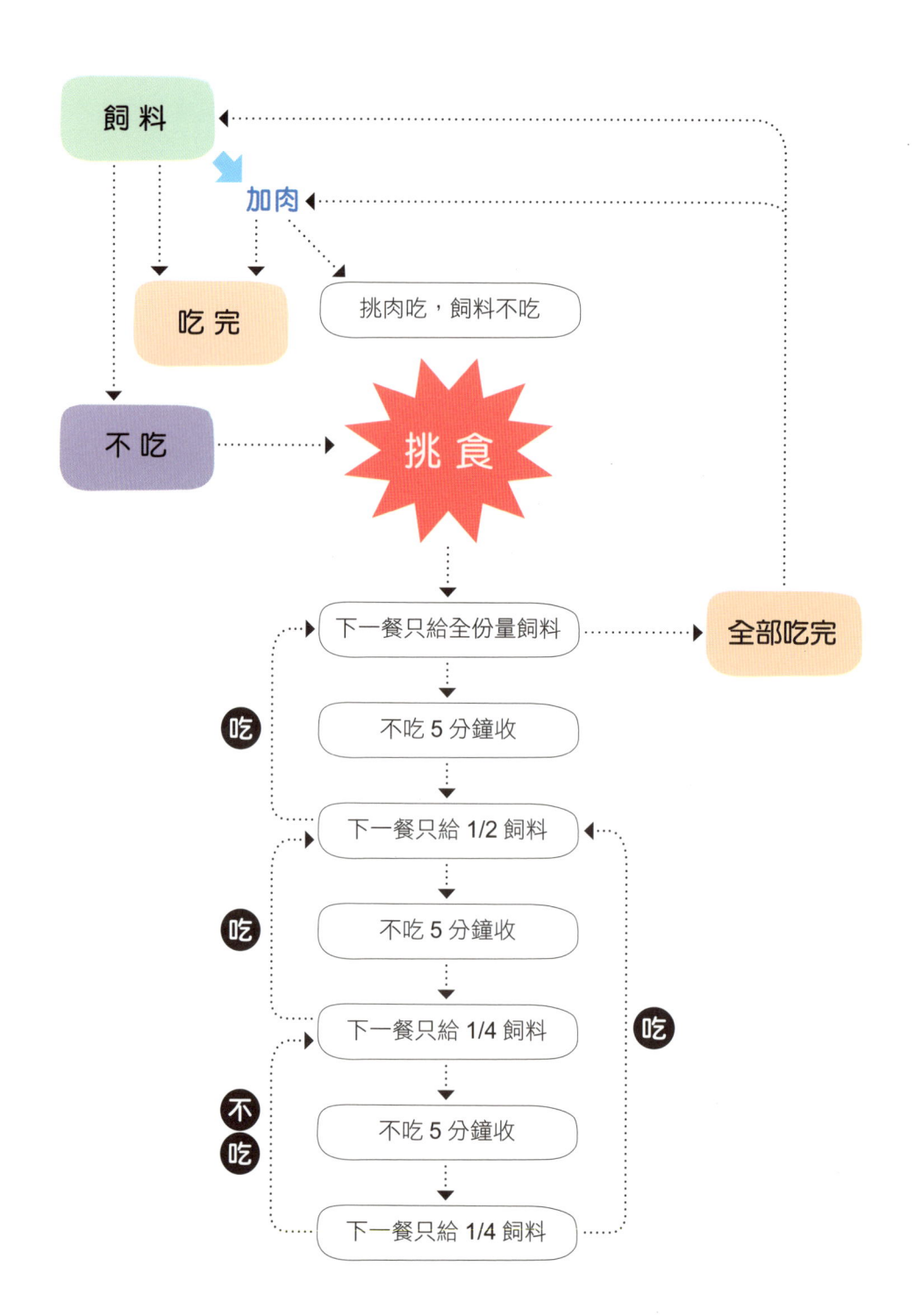

```
飼料
 │
 ↓ 加肉
 │
吃完 ──→ 挑肉吃，飼料不吃
 │
 ↓
不吃 ──→ 【挑食】
           │
           ↓
    ┌─→ 下一餐只給全份量飼料 ──→ 全部吃完
    │      │
   吃      ↓
    │   不吃5分鐘收
    │      │
    │      ↓
    ├─→ 下一餐只給1/2飼料 ←─┐
    │      │                │
   吃      ↓                │
    │   不吃5分鐘收          │
    │      │                吃
    │      ↓                │
    ├─→ 下一餐只給1/4飼料 ───┤
    │      │                │
   不      ↓                │
   吃   不吃5分鐘收          │
    │      │                │
    │      ↓                │
    └─→ 下一餐只給1/4飼料
```

案例七　更換環境而不願意吃飯的狗

　　狗狗不願意吃飯的常見原因除了挑嘴之外，更換環境而不吃飯的狀況也很常見。

　　所謂的更換環境，指的是狗狗去寵物店住宿、去訓練學校受訓、飼主帶著狗狗搬家了，也就是說，讓狗狗離開了原本他自己所熟悉的環境，而進入了另一個新的環境。

　　一般而言，狗在更換居住環境後，通常都需要一至二週的時間才會適應新環境。

　　這無關乎挑嘴或是厭食，而是因為狗狗自己的內心不安定，甚至也無法接受陌生的訓練師給予的食物。不過性格正向陽光的狗狗，不論去哪都能開懷大吃，不論是誰餵都覺得好吃！

　　一隻體重80公斤的藏獒與一隻體重只有2公斤的貴賓犬，能量的保存與基礎代謝率是完全不同的。在更換環境之後，80公斤重的藏獒三天不吃飯只喝水，與2公斤重的貴賓犬三天不吃飯只喝水，整個危險的程度完全不同。藏獒的身體可以撐得住能量的消耗，而貴賓犬的身體則容易亮起紅燈，甚至於產生了低血糖休克、癲癇與死亡！

　　此時飼養管理犬隻的人員就要非常注意狗狗的狀態，也必須根據狗狗的體型大小、肌肉量多寡和平日的飲食習慣，去作出合宜的處理方式。

　　我的犬舍經常接各式各樣的問題狗前來住宿受訓，這些狗的性格絕對都是屬於敏感性格（正常性格的狗應該這輩子都不會踏入訓犬學校）。性格敏感的他們，在更換熟悉的居住環境來到犬舍時，他們會因本身的性格使然，而更不容易融入適應新環境。性格愈敏感的狗，對於更換環境所帶來的精神緊迫感會愈強烈。絕大部份的狗初來到犬舍這個新環境時，都會感受到精神緊迫而不願意吃飯（沒有食慾），嚴重時甚至於連水都不願意喝。

一位優秀的訓練師，儘管面對新進的狗因為不適應環境，而不正常的進食或是吃飯，卻仍然能夠細心的觀察狗狗的情緒與精神狀況，並且陪伴狗狗，得以引導協助狗狗盡快度過不適應期，而不是完全放任狗狗自行去消化不安的情緒。

我們會請飼主將狗狗的飼料或是鮮食和零食一起帶過來，按照狗狗原本的飲食習慣去給予餵食，例如原本在家是吃鮮食的狗，我們就弄鮮食給他吃；原本在家是吃飼料拌罐頭的狗，我們就弄飼料拌罐頭給他吃。盡量提供原本狗狗吃的習慣的食物，或是提供狗狗原本喜愛吃的零食，這樣子狗狗的進食慾望會稍微提高一些。

而滿三天不吃飯但是會喝水的狗，這裡我指的是連一口飯都沒有吃的狀態，那麼我們就會在狗狗的飲用水裡添加砂糖或是葡萄糖，最起碼可以避免狗狗產生低血糖的症狀。若狗狗連水都不願意喝，那麼我們就會使用空針筒來灌食糖水，或是將飼料、食物打成泥、打成汁來灌食。若狗狗會攻擊咬人沒有辦法灌食，那麼我們就會煮雞肉、煮牛肉、煮魚肉等等新鮮肉類食材給狗狗吃。若狗狗還是不願意吃這些肉類食材，那麼我就會將這些肉類食材放在狗狗的面前（籠內）一整天，通常狗狗都會趁我們不在身邊的時候，把這些肉類食材偷偷吃完。

隨著時間經過，這些剛更換新環境的狗狗們漸漸熟悉了我們，熟悉了犬舍的環境，也熟悉了我們的飼養管理模式與犬舍的生活作息。這個適應期大約需要兩週的時間，狗狗自己會去消化這些不良的緊迫情緒反應。

待狗狗每一餐飯都會吃光光時，我們就會開始增加餵食份量、更改狗狗的進食習慣，更換為犬舍提供的飼料與鮮食，確認狗狗的排便都是正常後，就代表其心理與生理都完全適應新環境了，這個時候，就表示可以著手進行長時間的異常行為訓練矯正。

3-8 吠叫行為

　　先天品種之間的性格差異，會讓有些狗比較容易出現吠叫行為，例如德國狼犬與墨西哥吉娃娃。狼犬的品種特色是屬於高智商、高服從本性和高穩定性，吉娃娃的品種特色是屬於容易興奮、容易接收外界環境帶來的刺激和較低的服從本性。若以住家附近的宮廟拜拜鞭炮聲來舉例，當這兩隻狗同時聽到了鞭炮聲，狼犬的情緒不容易受到干擾，但是相對地，吉娃娃的情緒卻很容易受到鞭炮聲刺激，而產生吠叫行為。

　　每一隻狗的性格都能夠藉著訓練予以穩定，例如軍犬在槍林彈雨中的環境裡，仍然可以保有優秀的攻擊作業能力，不會因為近距離的槍炮聲而導致緊張失控；導盲犬在車水馬龍的都市裡，仍然可以擁有從容不迫的作業能力，不會因為車輛所製造出的聲響，而導致緊張失控。對於愛吠叫的狗，理論上，我們也是可以透過訓練，來讓狗的性格穩定、不胡亂吠叫。我之所以會用「理論上」這個詞語是有含義的，吠叫聲就是狗的語言，狗是具有智力的動物，當然他們也是會講話的。

　　我要說的是，狗的每一個吠叫聲都是他在說話，都是有含義的，在這些吠叫聲的背後一定都有原因，導致狗狗吠叫，也許是因為狗狗在歡迎你回家，或是狗狗在警告外來者的入侵，甚至是要出門散步讓狗狗感到很開心，這些都會讓狗狗產生吠叫行為。

　　我曾經問過我的學徒們一個問題：「你們知道資深訓練師與新進訓練師之間最大的差異在哪裡？」

　　當狗在吠叫的時候，資深訓練師能夠自狗的吠叫聲裡去判斷狗表達的意思，或是能夠自狗的吠叫聲裡判斷出狗的需求是什麼。但是新進訓練師遇到狗在吠叫時，卻無法做出任何的判斷，他會認為這就只是單純吠叫而已。

　　舉個例子來說，完成籠內訓練的狗，是不會在他自己的籠內便溺的，但是假設某一天狗狗拉肚子，他想要便溺了，但是不願意在自己的籠內便溺時，

所以他就會在籠內吠叫。這個吠叫聲通常是短且急促的聲音，資深訓練師就會知道狗在說他肚子不舒服想要上廁所，會趕快放狗出籠，但是新進訓練師聽到吠叫聲，可能只會叫狗狗閉嘴而已。

狗狗有些吠叫行為是不受人歡迎的，在狗狗遭受到特殊情況時，便很容易連續性的大聲吠叫。例如分離焦慮症的吠叫、要攻擊咬人同時伴隨的吠叫、地域性高的狗，對外來入侵者的驅逐吠叫等等。

透過訓練可以提高狗的穩定性，讓狗不容易接收到外來的刺激，這樣可以讓狗不容易吠叫；若是針對特殊情況所產生的連續性大聲吠叫，則必須對症下藥，對這些特殊情況作出相對應的訓練矯正，如此才可以讓狗徹底忽略這些特殊狀況，當這些特殊情況不再對狗造成刺激時，自然就不會吠叫了。

漢克這樣說

沒有一隻狗會胡亂的吠叫，每一個吠叫都是有原因的。

CHAPTER 3 把訓練融入生活

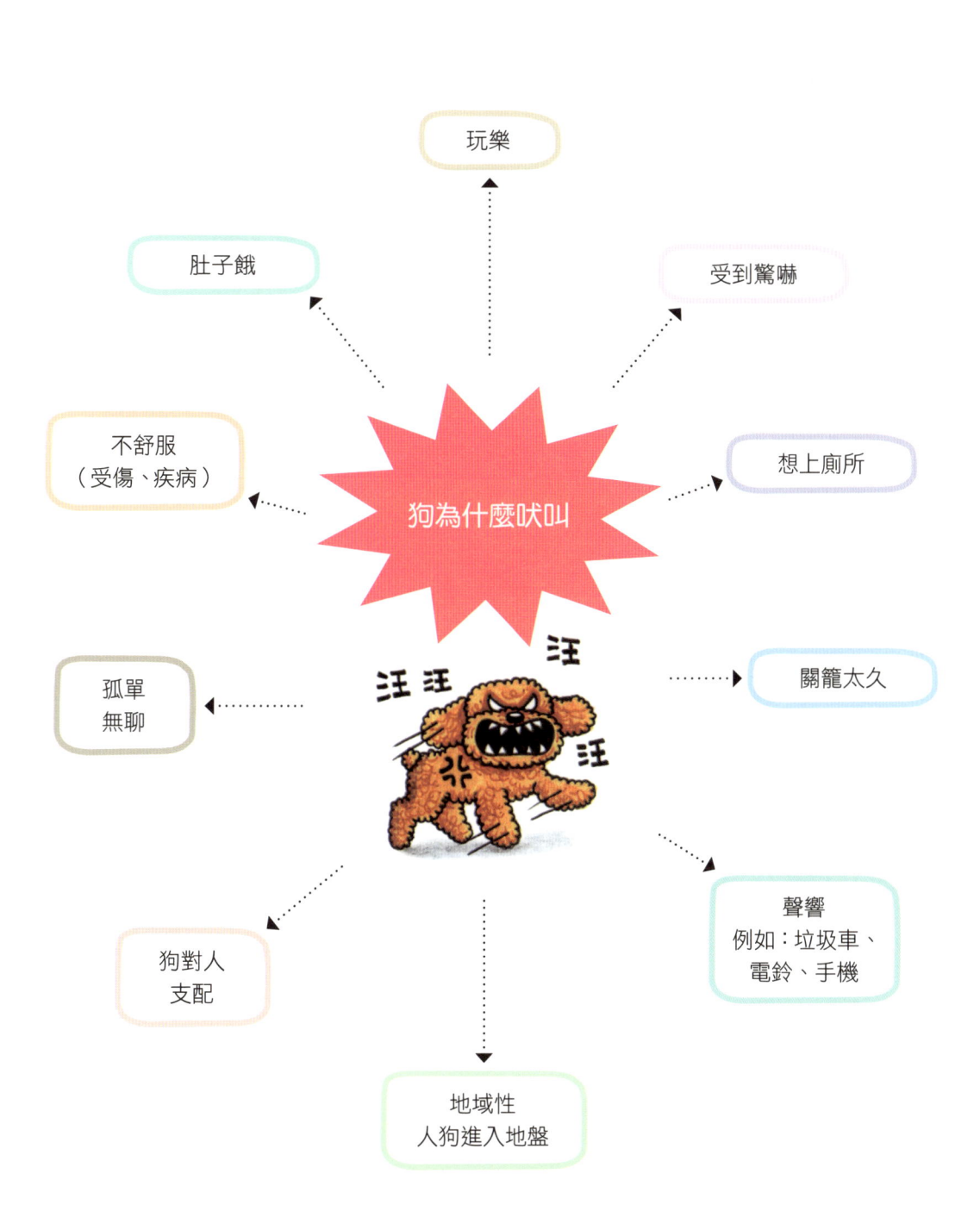

狗為什麼吠叫

- 玩樂
- 肚子餓
- 受到驚嚇
- 不舒服（受傷、疾病）
- 想上廁所
- 孤單無聊
- 關籠太久
- 狗對人支配
- 聲響 例如：垃圾車、電鈴、手機
- 地域性 人狗進入地盤

汪 汪 汪

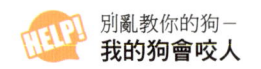

案例八　對手機鈴聲敏感吠叫的狗 →

　　我曾經接過一通諮詢電話，對方告訴我每次他的手機鈴聲響起來，即使他的狗正在進食、遊戲或是無所事事，此時狗都會大聲吠叫，直到他將電話接起來，狗才會漸漸安靜下來。

　　大部份的行為訓練師，遇到具有這種行為問題的狗，會採用的矯正方式是進行聲響的連結訓練，也就是發出聲響的同時給予食物，讓狗在聲響與食物之間產生連結，並且把注意力轉移到食物上，自然慢慢地，狗對聲響的敏感度就會降低了。要成功的連結，必須多次反覆不斷持續進行訓練，也就是機械式反覆練習，時間久了、次數多了便可成功。

　　不過，在這通電話諮詢裡，我請對方更換手機鈴聲，改以選擇柔和的鈴聲，並維持在平常放置手機的位置，然後五分鐘後，我再回撥電話給他。請他第一通和第二通電話都不要接，只需要在一旁持續餵狗吃零食，當我撥打到第三通電話時，請他態度從容地走過去拿起手機接電話。就這樣，這個對手機鈴聲吠叫的行為問題，我只花了幾分鐘便成功矯正了，狗狗完全沒有想要吠叫的念頭和動作。

| 案例九 | **出門坐寵物推車的瑪爾濟斯會對馬路上的狗大聲吠叫** ➡

　　隨著台灣少子化的影響，愈來愈多的小型犬飼主將自己的寶貝狗當作孩子般照顧，每天幫狗穿上不同花色樣式的衣服，就連出門散步都不讓狗落地走路，讓寶貝狗坐進寵物推車，不論是出門搭捷運或是上館子吃飯都很方便，也不會弄髒寶貝狗的被毛或是衣服。

　　某天，我接到一通諮詢電話，來電飼主即是前述典型的狗主人，無所不用其極的呵護著寶貝狗。但是令飼主感到很困擾的是，每次狗兒坐在寵物推車內外出，都會對著馬路上其他的狗大聲吠叫，而且，是情緒很激動地大聲吠叫。

　　通常我接到這樣的諮詢來電，我都會馬上問飼主一個問題：「請問這個時候，若把寶貝抱起來放在地上，狗兒還會對著其他的狗情緒激動地大聲叫嗎？」絕大多數飼主的回答都是，這樣做之後便不會再對其他的狗吠叫了。

　　前文我曾經說過，高度對有些狗狗而言代表著特別的含義，尤其是位階觀念很重的狗，不適合經常讓這種特質的狗坐寵物推車。首先，寵物推車是他自己的專有地域，再者，在推車內居高臨下看著其他狗，高度將他的位階感拉高了，因而讓坐在寵物推車內的狗，對著其他的狗情緒激動吠叫個不停。

　　這樣的異常行為，不需要接受矯正訓練，只要改變一下，出門讓狗落地走路，平常也盡量別將狗抱著走路，自然而然，這個行為問題慢慢就不會再出現了。

　　如果狗狗落地後，仍然會對其他的狗大聲吠叫，那麼我會建議安排服從訓練裡的腳側隨行。你走快狗就走快，你走慢狗就走慢，訓練到整個行進的過程，狗都不會被外界環境給影響的程度，自然而然，狗也會改掉這個行為了。

別亂教你的狗──我的狗會咬人

因身體不適引發的異常行為

如果狗狗的異常行為出現得很突然，可能昨天還好好的，但是今天就怪怪的，那麼我們就必須先考量是否因身體不適而引起。狗狗身體不舒服或疼痛時的反應有時可能很細微，飼主平日要多留意狗狗正常時的情況，例如呼吸換氣深淺與次數、是否會急喘或是喘息聲變小、是否採取腹部呼吸、進食慾望的高低、眼鼻口是否有不明分泌物，當狗狗的身體不舒服時，便能觀察到狗狗與平常正常時不同的反應差距，以便及早發現及早因應。

在狗狗身體不適的時候，我們會發現狗狗在吃飯、喝水、睡覺的習慣改變了，通常狗會睡得更多，因為狗會想要透過休息來修復身體。大多數的狗食慾會減退，喝水量也會明顯不同。

有些狗會突然之間變得更常吠叫，這個時候的吠叫聲大都為細細嗚咽、斷斷續續的聲音。因為狗在疼痛時會避免移動身體，因此會更常用吠叫來表達需求，有時也會伴隨出現低吼或空咬，來保持自己的安全空間領域，避免受擾。

若在飼養多犬的家庭裡，狗與狗社交活動大幅減少，當其他的狗接近他時，他會表現出低吼聲、皺嘴皮、露齒的攻擊徵兆。其精神委靡不愛動、也不讓人摸，甚至在你接近時會攻擊咬人。

或是與上述相反，狗變得比平常更多走動，來回走不停，或者不斷變換姿勢，顯得躁動不安，睡眠時間變短、持續不斷的發抖或非常頻繁的甩動身體，這也是異常的訊號。如果狗狗的走路姿勢有異狀，例如跛行或失去平衡感甚至於癱軟無力，可能是因為骨關節、肌肉疼痛，或是心血管疾病。

在於狗狗有外傷的時候，還有一點最常見的是，狗狗會不斷地舔舐、

啃咬自己同一個部位。當受傷或是身體不適時，狗狗的直覺是想要清潔傷口，並且透過這些動作來安撫舒緩不適。

　　當我們發現狗狗的身體不適或疼痛時，請先冷靜下來持續觀察，並適時地諮詢信任的獸醫師，決定如何就診就醫，附表有一些簡單的自行檢測項目，供大家參考。

簡單的自行檢測項目

項目	正常值／範圍	備註
體溫（肛溫）	在 38℃～39℃之間 平均為 38.5℃	幼犬體溫較成年犬略高，下午體溫較清晨略高
心跳脈搏	成犬 60～140 次／分 幼犬 60～200 次／分	狗狗放鬆的時候，用手測狗兒心臟或股動脈部位
呼吸	平均 10～40 次／分	目測胸部起伏數
觸摸	檢查皮毛外觀是否有傷口、黑點、腫塊等	此時也是與狗寶貝良好的互動親密時光
排泄物	尿液呈淡黃色； 糞便以成形、深棕色最理想	排便次數與進食餐數相同
睡眠（每日）	老犬／幼犬 14～20 小時 成年犬 14～16 小時	

3-9 心理障礙

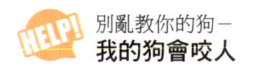

淺談狗狗心理障礙

　　心理障礙的定義是指因心理、生理或環境影響，導致思維、情緒或行為模式出現異常、痛苦與功能失調。心理障礙是廣義名詞，它不見得都是單獨存在的症狀，有些會轉化變的更嚴重，例如焦慮症轉化為恐懼症。嚴重時，甚至是幾種同時並存，例如焦慮症與強迫症並存。

　　以下我將描述幾種比較常見的狗狗心理障礙。

焦慮症

　　焦慮症最常見到的引發原因，在於狗更換了居住環境或是被限制了活動。例如狗狗單獨去寵物旅館住宿；或者狗狗沒關過籠初次關籠等。通常，狗兒都會在一至兩週之內，有能力自行吸收消化這些不良的情緒。

　　在焦慮症的表徵裡，我們可以看到狗會出現的生理症狀，大多是呼吸急促、不斷發抖、腸胃蠕動增快而拉肚子、即使很累了卻還不停走動等等；也可以看得出來，狗的情緒顯得緊張不安、恐懼害怕，甚至會因此攻擊咬人。

　　這也是來到我犬舍受訓的狗，開始的頭兩週，我不會特別去做特別訓練的原因之一。這個時期的狗，內心充滿了不安，尤其若已是屬於過度敏感的性格，將會在這個時期變本加厲。在受訓前兩週，我會單純的正常飼養管理，並且與他培養感情，讓他瞭解犬舍的生活作息，讓他認識犬舍的每一位訓練師與學徒，讓他知道固定的散步路線和放風時間。當他消化了自己不安的情緒後，我才會切入訓練矯正課程，循序漸進的增加要求與指令，最後達成訓練成效。

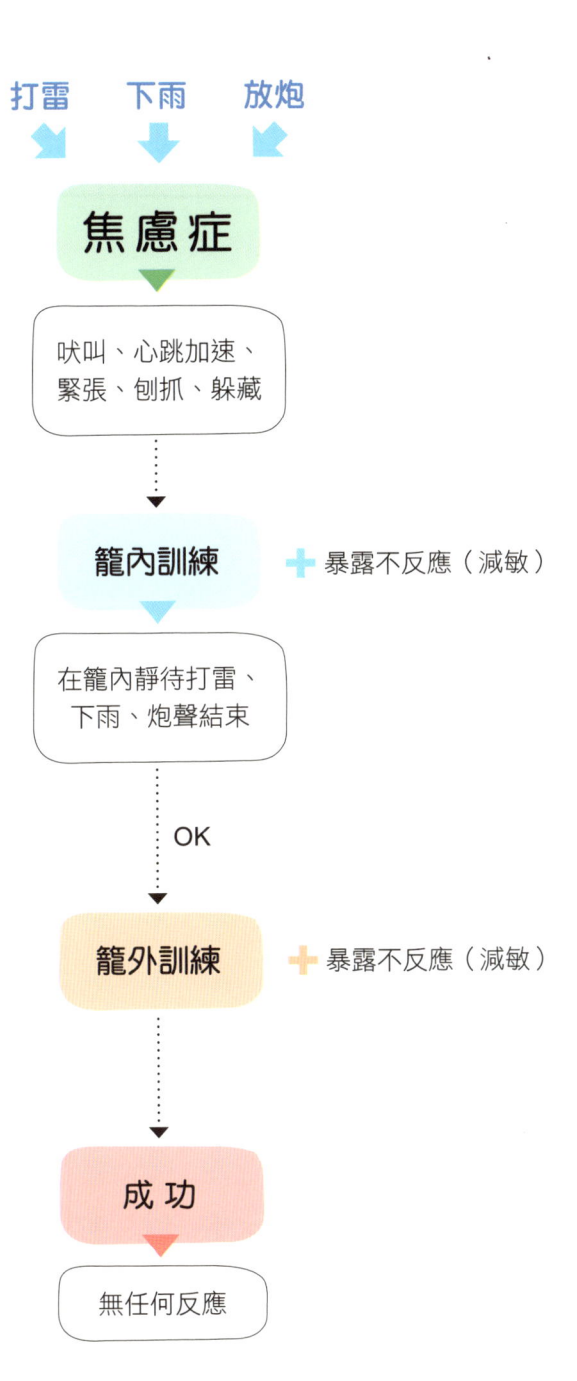

```
打雷    下雨    放炮
  ↓      ↓      ↓
       焦慮症
         ▼
  ┌─────────────┐
  │ 吠叫、心跳加速、│
  │ 緊張、刨抓、躲藏 │
  └─────────────┘
         ┆
         ▼
     籠內訓練  ➕ 暴露不反應（減敏）
         ┆
         ▼
  ┌─────────────┐
  │ 在籠內靜待打雷、│
  │ 下雨、炮聲結束 │
  └─────────────┘
         ┆
        OK
         ▼
     籠外訓練  ➕ 暴露不反應（減敏）
         ┆
         ▼
       成 功
         ▼
     無任何反應
```

性格異常膽怯

　　我們對狗狗的性格印象大多為活潑好動，但並不是所有的狗都具有外向性格，某些敏感性格的狗狗，出門在外時，很容易受到外界環境的干擾與刺激，這些刺激都會引起他們莫名的恐慌與害怕。

　　性格異常膽怯的狗，不論是先天遺傳或是後天環境所造成，訓練矯正的黃金時間是在幼年，狗狗的年齡愈年幼，愈容易矯正成功。

　　大多數性格異常膽怯的狗，在自己居住的環境中，並不會表現出異常情緒，他可以正常生活，只有出門在外時，才會表現出膽怯害怕的情緒出來。

　　怎麼樣稱為性格異常膽怯呢？

　　狗狗出門時會非常緊張，你可以感受到他是處於高度警戒狀態，害怕人車聲音，害怕霓虹燈、汽車大燈、警車警示燈等燈光，害怕從自己身後走過來的人。嚴重的時候，甚至落葉落下來觸碰到了身體，都會嚇到魂飛魄散、發抖個不停。

　　上述舉例都是單一情況，實際上性格異常膽怯的狗，害怕的刺激源大多為複雜的多數，也就是說，狗狗可能會對聲音、燈光、在身後走動的人和落葉，全部都感到非常介意與恐懼，一碰到這些，就會讓狗狗抓狂到失控，東竄西躲想要衝回家，或是找個地方躲起來。

　　在我的教學經驗裡，這是屬於較棘手的問題。前文說過，性格異常膽怯的狗愈年幼愈容易矯正成功，但是現實情形是，訓練師接到這種性格的狗，多數都已經是成犬了。而且可惜的是，成犬在接受訓練矯正後，只能使狀態趨向於穩定，很難完全恢復到像一般正常的狗那樣，自在從容的外出。

憂鬱症

狗跟人一樣都會有情緒上的問題，其中包含了憂鬱症。

有時候，我們會發現有些狗特別安靜且經常愁眉苦臉，或是活動力不佳，或是不願意跟其他的狗互動，總是自己一個人獨自安靜的待在角落。

人類的憂鬱症表現大多為無時無刻感到憂傷或是空虛，嚴重時甚至有厭世自殺的念頭，然而狗又是如何呢？是否也會出現憂傷空虛甚至自殺的念頭？

我曾經遇過癲癇反覆發作，痛苦難耐而自殺的狗，他在發病恢復意識後，會使盡全力奔跑，頭朝向前方，用力去撞牆使自己受傷，如此不斷反覆，直到被人用力制止，才會停下這種自殺的動作。

大多數的狗都是樂天派，當你發現狗狗突然悶悶不樂，有可能是因為他剛被寵物美容師全身剃光了毛；有可能他生了病，一直困在疾病所帶來的痛苦裡或是疾病的治療中；有可能全家人出遊，將他放在寵物店留宿，讓他產生了更換環境的不適應感。此時，狗狗表現出來常見的表徵可能有異常安靜、沒有食慾、一直睡或是不肯睡。

一般來說，患有憂鬱症的狗可以讓他接受正向刺激來改善症狀，例如：與狗互動玩遊戲、帶狗出門散步與運動、找一隻活潑性格好的狗與他互動，甚至找事情給患有憂慮症的狗去做。我自己常做的一個遊戲是，把好吃的零食藏在一個狗專用的益智玩具裡，讓狗想辦法把玩具內的零食找出來吃掉。

我們也可以透過訓練來導正這個狀況，例如：十分好用的腳側隨行訓練，讓狗將注意力放在你的身上，讓他從自己的情緒裡面轉移出來。腳側隨行訓練，可以在步伐和速度上做出一連串的變化，走、停、快、慢、轉、走蛇行、走方形、上下樓梯等等，當狗有跟著做到時，隨即給予稱讚鼓勵，一次次的鼓勵會讓狗愈來愈有自信，他也就會越努力的想去達成你的要求，漸漸的，患有憂鬱症的狗會逐漸的開朗起來。

恐懼症

恐懼症是對於特定的物體、活動或情景具有持續性的、不合理的恐懼。同時，很重要的一點是，它會導致狗出現迴避行為，例如雷雨恐懼症。

前文中，我曾經教過的那隻流浪高山犬，他是一隻體重約六十公斤的高山犬，他還是流浪犬時就會攻擊咬人，餵他吃飯的愛媽花了好幾個月的時間才能夠碰觸到他的身體。愛媽親眼見到他衝出來吃飯時，一個打十個的情景，他會把週圍聚集過來吃飯的狗狗們全部咬跑趕走後，才開始進食。

愛媽透過犬友的介紹找到了我，希望我可以訓練矯正他的攻擊行為。

我評估之後發現，他的攻擊行為並不是需要優先處理的問題，因為他有這幾種行為表現：

一、下雨時，身體被雨水滴到，猶如被雷打到一樣的恐懼緊張。

二、出門被飄下來的落葉碰到身體，也像是被雷打到一樣的恐懼緊張。

三、在黑暗的環境裡將電燈打開，整隻狗會全身發抖，甚至想把自己龐大的身體擠進狹窄的牆角。然後，就這樣不吃不喝不上廁所也不移動，最長時間為連續12個小時，嚴重的時候，連續幾天都是如此。

四、除了愛媽之外，沒有人可以觸摸他的身體，一摸他就攻擊開咬，更別談洗澡，或是生病需要看醫生、做檢查。

五、被路上的消防車、救護車、警車警示燈照到，就全身緊繃發抖到處亂竄。

六、占有慾望極高，會對人、狗護食、護玩具。

七、無法接受套、圍、穿、戴等等的手法，例如套P字鏈、圍領巾、穿衣服、戴項圈等動作，若是強迫硬來，他就會攻擊開咬。

他的幾項行為表徵，全都顯示出他屬於恐懼症與強迫症並存的行為模式，他這樣的性格被很多人判斷不可教化，甚至建議安樂死，或者建議將他一輩在籠內拘禁，讓他自然生病然後死亡。

但這真的是最好的方法嗎？

的確，這隻狗在我教狗二十年的經歷裡，是數一數二的棘手難教，但是我不放棄，克服萬難把他給教好了。同時透過愛媽積極的找認養人，認養人也完全配合與我進行了四十幾堂的移交訓練。如今，他與認養人相處已經四年的時間，愛媽、認養人和我這位訓練師，我們一起努力給了他全新的生命！

　　這隻高山犬的行為狀況是屬於恐懼症與強迫症同時並存，我在教他時採用的訓練方式有個很重要的步驟，跳過或是省略這個步驟都不行，這個步驟就是「籠內訓練」。

　　「籠內訓練」目的在於營造出讓狗擁有安全感的環境，絕對不是將狗關進去監禁一整天，也不是將狗關進籠內一個星期放出來一次。這樣的做法只有反效果，無法營造出安全感的環境，只會讓原本的恐懼症與強迫症愈來愈惡化。

　　籠內訓練與籠外的服從訓練必須同時進行，為了成功進行籠內訓練，我必須每天帶狗出籠，但是也不是漫無目的地讓狗拉著人跑，或是單純讓狗自由活動。狗狗出籠時會很開心，這個時候狗狗的內心是開放狀態，訓練師會利用這個心理素質，透過正確的服從訓練方式，在狗狗出籠時給予適當的訓練。如此，完整的籠內訓練和籠外服從訓練才能夠互相呼應，使具有攻擊性的狗降低其敏感的性格，得到行為矯正的效果。

強迫症

　　強迫症是一種精神疾病，若發生在人類身上，常見的症狀是不斷地重複無意義的事情，例如不斷的洗手、洗澡、擦地板、檢查水龍頭有無關緊，不斷的將東西排放整齊等等。這些行為光靠意志力難以控制，如果強迫壓抑，反而會引起嚴重的焦慮症。

　　強迫症若發生在狗的身上，常見的症狀是不斷的繞圓圈走路、追逐自己的尾巴、舔舐身體某一個部位、追逐隱形的蒼蠅等等。

　　我們要知道，有些狗的強迫症只是一個小癖好，不會對他的精神狀況和生活產生很大的影響。但是當這些原本正常的行為密集的發生時，讓狗完全陷入了那樣的情緒裡面抽離不出來，那麼就需要做治療介入了。例如狗不斷舔舐自己的腳，舔到皮開肉綻了仍然拼命舔，這個時候就是表示心理影響了生理，且回過頭來看，其實生理也影響了心理。

　　根據醫學研究指出，強迫症與腦部的血清素（SEROTONIN）有關係。血清素是一種神經傳導物質，主要是幫助腦中把一個區域的信號傳遞到另一個區域。當這種激素被重複吸收而導致不夠時，狗就會出現無法停止、不斷重複一個動作，我們稱為 OCD（強迫症，英文名：Obsessive-Compulsive Disorder，縮寫：OCD），而 OCD 源自於狗的焦慮行為。

　　若以獸醫學進行藥物治療，獸醫師會給予抑制血清素重複吸收的藥物給狗吃，在狗服藥之後，可以期待狗恢復正常的行為，但是在停藥之後，此強迫症行為仍然容易復發。

　　我們需要給予一連串的導正訓練，因為這是生理與心理互相影響的狀況。由於 OCD 是很複雜的心理行為疾病，一般來說，我們首重於給狗規律正常的生活，滿足狗一切所需要的東西，包含了他喜歡的食物、運動與陪伴，同時也必須要輔以籠內訓練，讓狗學習獨處，也讓狗期待出籠的時刻。

　　也就是說，當狗患有嚴重的強迫症時，除了服用藥物讓精神安定之外，也建議同時輔以導正訓練，雙管齊下處理狗的強迫症。

我曾經教過一隻黃金獵犬，他的強迫症表現在於情緒異常的激動，口中一咬到任何物品都不會放下，以及伴隨著不停的踏步、踱步。

我在進行訓練的時候，每天規律的帶他出門跑步運動，利用跑步來轉移他陷入強迫症裡的情緒，跑步結束後隨即輔以服從訓練，從有繩的基本服從訓練，一直練到無繩的高級服從訓練。利用服從訓練讓他的性格更加穩定，讓他的思緒和專注力都放在我的身上，久而久之，這隻黃金獵犬的強迫症就被我給導正，恢復了正常。

在這個經驗裡，我有一個發現，服用藥物治療強迫症的狗，停藥後，狗原本強迫症的強度並未變得更嚴重，但是若經由訓練導正強迫症的狗，當狗回到了飼主家時，其飼主無法延續我所給予的訓練和管理方式，時間一久，強迫症仍然會復發，且復發後的強度，將比狗在受訓前的強度來得更加劇烈。

所以我再次將這隻黃金獵犬帶回來進行第二次矯正，所幸，經過這次的調整之後，黃金獵犬再次導正恢復正常，飼主帶回家後的家中訓練也就不敢再掉以輕心了。

別亂教你的狗─我的狗會咬人

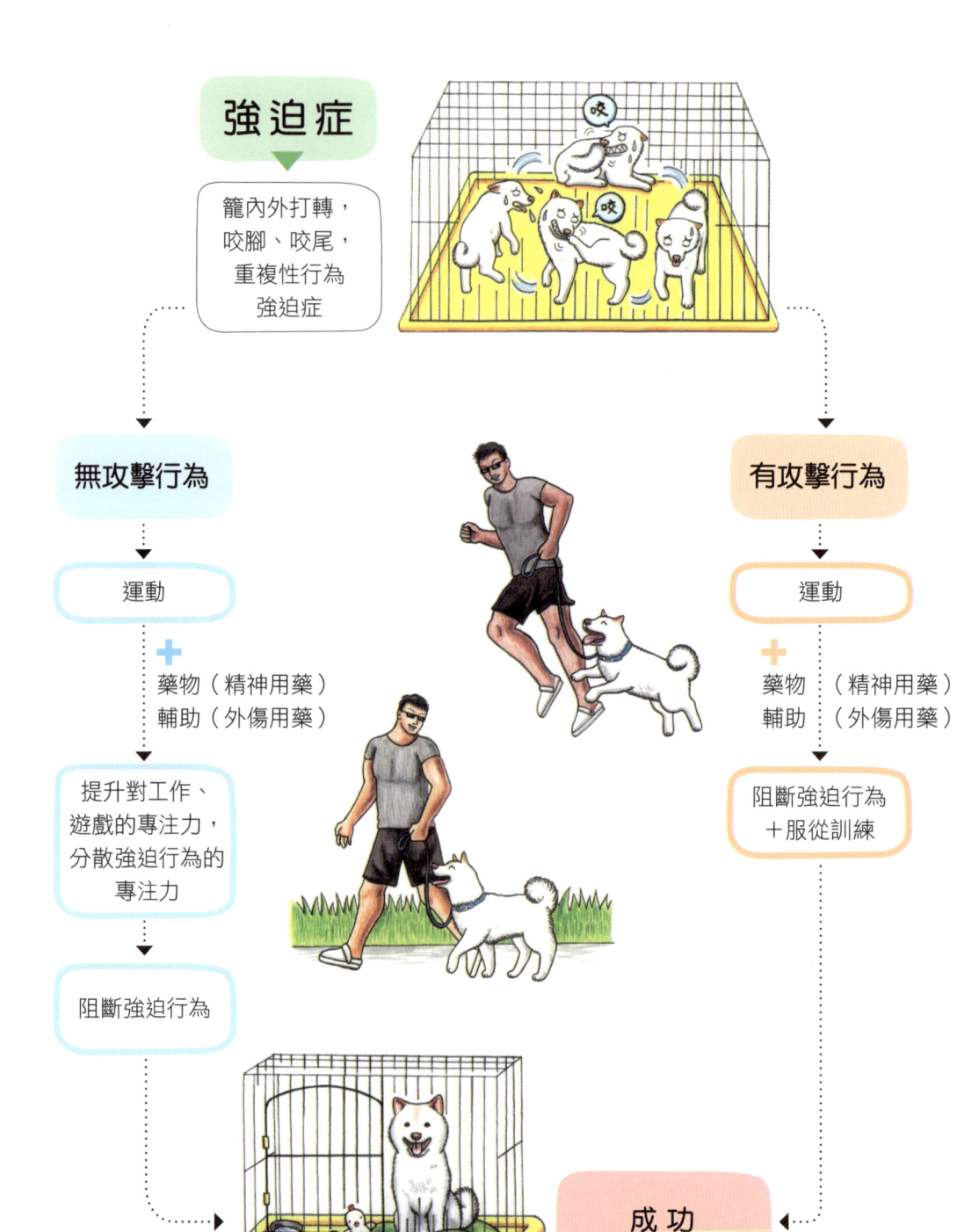

強迫症

籠內外打轉，咬腳、咬尾，重複性行為強迫症

無攻擊行為

運動

➕

藥物（精神用藥）
輔助（外傷用藥）

提升對工作、遊戲的專注力，分散強迫行為的專注力

阻斷強迫行為

有攻擊行為

運動

➕

藥物（精神用藥）
輔助（外傷用藥）

阻斷強迫行為
＋服從訓練

成功

強迫症裡的自殘行為

除了前文提到，患有強迫症的狗不斷舔舐自己的腳，舔到皮開肉綻了仍不罷休之外，在狗的身上還有一種常見的自殘行為，就是追逐啃咬自己的尾巴或是後腿。

強迫症是心理影響了生理，再由生理回過頭去影響心理。患有強迫症且自殘的狗，首先必須先妥善處理被啃咬的傷口，在傷口癒合康復的這段期間，狗仍然會不斷地出現自殘行為，這段時間，只能給狗戴上防咬頭套，靜待傷口癒合之後，再給予訓練導正。

我教過一隻柴犬，他被獸醫師判定為強迫症，他的行為表徵是持續地自殘咬自己的後腿和尾巴。

我接手這隻柴犬之後，在不使用藥物治療的狀況下，我採用了服從訓練來穩定他的性格，讓他的思緒和專注力放在我身上，而不是在他自己的身上。我發現一不順他的意，他的壓力增加時，他就用自殘來表達不滿，而一旦開始自殘，他就會陷入強迫症的迴圈裡，難以平復。

我的訓練重點放在增加他的抗壓性，我給予這隻柴犬高強度的訓練，透過高要求、高強度的訓練，利用「暴露及不反應法」讓他出現強迫症自殘行為，然後再逐漸放寬要求，讓他可以輕易達成我的要求，提升他的成就感與正向的情緒，這樣做的同時，他的抗壓性也逐漸在提高。

同時，我多做了一件事情，利用他的飼主前來犬舍探望時，這個時候他的心情顯得特別好，我要求飼主除了來探望之外，也同步進行訓練，維持每週至少一次到兩次。這樣的做法，讓他更加期待飼主的到來，再度提升他高興的正面情緒，降低他陷入了強迫症負面情緒裡的機率。

我們和飼主一起帶著他散步，一起帶著他進行移交訓練，包含了動態的服從訓練，以及靜態原地不動的服從訓練，還有看獸醫打針的減敏減壓訓練，以及寵物美容清潔耳朵和剪趾甲的減敏減壓訓練。經過將近半年漫長的時間，才將這隻柴犬的強迫症自殘行為給導正過來。

我也教過一隻患有強迫症的貴賓犬，他的行為表徵也是不斷的自殘咬自己的後腿和尾巴，與上述的柴犬完全相同。

　　但有一點我很明顯感受到他與柴犬不同的地方，那就是柴犬的性格較為固執不易被引導，而貴賓犬的性格，較容易被引導進而導正。也就是說，在相同的強迫症自殘狀況之下，透過行為訓練給予導正時，會因為犬隻本身的性格不同而有著不同的效果，因此可知，導正訓練所需的時間，與犬隻本身的性格有所關聯。

　　備註：「暴露及不反應法」在目前的人類醫學運用裡，是針對強迫性疾患特別有效且持久的治療模式，最主要的想法，是讓患者處於所害怕的情境中，並且反覆不斷的練習，並鼓勵患者對抗那些因害怕或緊張所導致的強迫症行為。此治療過程需花費很多時間，並且需有耐心及較強的動機，不論是患者本人或是治療師都須去容忍患者所帶來的高度焦慮。

分離焦慮症

我們先瞭解什麼是分離焦慮症，簡單來說，就是指狗狗無法習慣沒有人（狗）陪伴，或者是人陪伴狗的習慣改變了，因而出現焦慮的異常行為。這時候，狗狗會出現的異常行為大都是不斷吠叫、破壞傢俱或是籠舍狗屋、情緒激動、大量流涎、不斷舔舐身體某部位，嚴重時，甚至會自殘傷害自己。其中，不斷吠叫是最常見表達內心焦慮的方式。

狗與飼主的分離焦慮症

我常見的問題個案有：

1. 飼主開車載狗，飼主下車暫時離開，狗狗大聲吠叫，一直叫到飼主回來才停止。
2. 飼主換正式衣服出門上班時狗狗不會吠叫，飼主穿居家休閒服出門時，狗狗便狂吠直到飼主回來才停止。
3. 住在透天厝，飼主與狗狗位在不同的樓層，狗狗會大聲吠叫、刨抓地板，甚至破壞性地咬門板。
4. 飼主出門後，狗狗安安靜靜不吵也不鬧，卻待在自己的窩裡，不斷啃咬自己身體的某個部位。
5. 飼主與狗狗一起出門，一旦飼主離開狗狗視線，狗便狂吠。

一般來說，我接到分離焦慮症的飼主來電諮詢時，我會判斷其分離焦慮症的嚴重程度，再決定是在電話裡免費教學，或是狗必須抽離環境離開飼主，來到犬舍受訓矯正。

如何簡單判斷分離焦慮症的壓力程度，主要是由狗吠叫時間來作為依據。當飼主出門時，狗狗連續大聲吠叫，會在10分鐘內停止，並且無伴隨著破壞物品或是自殘行為。狗狗的吠叫聲是斷斷續續，雖然吠叫的總時間較長，但是吠叫的強弱度等等，這些都能協助判斷是否可以由飼主自行訓練矯正，或者需要訓練師協助。

此外，分離焦慮症除了有強度分別之外，又可以劃分為單一行為或是複合行為，而強度增強的話，也可能在短時間內，自單一行為轉化為複合行為。

◆ 單一行為
　例如：細細嗚嗚哀哀的低鳴聲（低壓力），轉化增強為停不住的連續大聲吠叫（高壓力）。
◆ 複合行為
　例如：細細嗚嗚哀哀的低鳴聲（低壓力）＋不斷舔舐身體某部位（低壓力）。
　例如：停不住的連續大聲吠叫（高壓力）＋情緒激動（高壓力）＋大量流涎（高壓力）。

　　分離焦慮症主要的促成原因，簡而言之，就是狗狗讓你給寵壞了，或是你並未正向、正確地飼養管理狗狗。

　　所謂「寵壞了」的意思，就是你總是抱著他，跟他膩在一起，生活吃喝拉撒睡狗狗都與你都形影不離。你成為狗狗的全世界，使得狗狗離不開你，養成狗狗無法自己獨處的性格。

　　「正向、正確的飼養管理狗狗」的意思，就是你曾經很重視狗狗，當時的你時常與狗互動，但是突然間，你變了，你不再用正向方式對待狗兒，你不再做以前會與狗狗一起做的事情，更嚴重的是，狗狗可能長期被你孤立在家中，狗狗內心深處的壓力，隨著時間增長，越來越沉重。每當狗狗終於盼到你出現，卻眼巴巴地再看著你不予理會，轉頭就走，直到內心深處的壓力破表了，他便開始用各式異常行為來博取你的注意。

　　狗狗會產生分離焦慮症，絕對與人有著密切的關連，人，就是讓狗產生分離焦慮症的主要導火線。

　　在進行分離焦慮症的訓練矯正之前，須要進行前置訓練，前置訓練即為籠內訓練。因為大多數分離焦慮症的狗，平常在家都沒有習慣籠內生活，總是可以自由地跟著飼主進出家中任何一個角落，甚至與飼主平起平坐，吃飯

時在一塊兒，睡覺也同床共眠。此時進行的籠內訓練，目的是要狗學習獨立。獨立，是訓練矯正分離焦慮症的第一步。

同時，我也會教育飼主，配合兩件事情：

一、請學會忽略你的狗，保留兩人互動的一定距離，盡可能不要讓狗總是膩著你，跟著你團團轉。

二、自己要出門時，不要跟狗說再見，尤其是又親又抱地道別。回家後，也不要第一時間去找狗，避免狗對於你的離開產生了失落感，避免讓狗愈來愈期待你回家。當失落感與期待感之間被過度放大的時候，分離焦慮症就會產生了。

上述這些是前置訓練，現在要進入訓練的核心，即是適用於分離焦慮症的「減敏訓練」。

❶ 假裝要出門，動作務必正常自然。若你一出門，狗就開始吠叫，請完全忽略狗的吠叫，直到狗停止吠叫的那一刻，你再馬上進入屋內。

❷ 你進入屋內後，若狗仍然安安靜靜，這時請你去稱讚獎勵他，多做幾次，狗就會對這種情景結果產生連結，原來只要我安靜下來，就可以見到主人，並且能得到主人稱讚獎勵。

❸ 如果進入屋內，狗開始吠叫，請馬上轉身再度假裝出門，重複第二步驟。或是，你也可以選擇留在屋內，但是請完全不要理會他的吠叫，就連瞄一眼都不要，等待狗安靜下來時，馬上給予稱讚獎勵，即便狗只是停下來吞嚥口水的幾秒鐘，你都要充分掌握。

❹ 每天持續連續數十次，整天有空時，請花費一整個白天，進行數百次練習。在訓練初期，狗會搞不懂你在作什麼，狗只會以為你又要出門了，狗會開始覺得奇怪，為什麼你要反反覆覆地進出，但同時狗也會開始習慣你反反覆覆地進出，狗便不再那麼在意你要出門，也開始不再那麼在意等你回來了。

大家看明白了嗎？經過連續密集的訓練後，狗會明白理解你要他做什麼了。

★ 重點提醒

籠內訓練和飼主心態的調整為前置訓練，核心訓練必須要密集並且反覆不斷的練習。

分離焦慮症，還有另外一種訓練矯正方式——直接抽離環境、抽離原飼主，讓狗狗離開所有熟悉的人事物。狗狗面對新的環境與飼養人，可以重新建立狗狗新的生活作息和性格，務請把握約兩週的黃金時間。

這個時期，需配合兩個原則，一是需有規律的室外運動，以讓狗狗宣洩滿滿的精神體力。二是進行籠內訓練，讓狗狗可以安心舒服地待在自己的窩，等待飼主回來。

在這段期間，需同時進行服從訓練與吠叫訓練。尤其是禁止口令的訓練，不論在任何情況下，每當狗狗吠叫，飼主馬上下達禁止口令讓狗狗停止吠叫。而此時的服從訓練，可以提高狗狗本身的穩定性，重新建立狗狗與飼主之間的正確關係。

以下幾點也要請大家注意：

❶ 飼主自己必須調整心態，如果是被寵壞的狗，請不要在家整天抱著狗摸著狗，就連睡覺都要睡在一起。如果是未良善正確持續飼養管理，請不要忽略你的狗，請務必恢復到最初你與狗狗的良善互動。

❷ 透過規律且合理的室外運動，才能宣洩狗狗滿滿的精神體力。

❸ 進行吠叫訓練時，須讓狗狗聽從口令學習「吠叫」與「停止吠叫」，讓狗狗的每一次吠叫都顯得具有可控性。

❹ 多養一隻狗來陪伴原本所養的狗，這時候狗狗（單數）將不會依賴飼主的存在與陪伴，狗狗們（複數）可以互相陪伴一起玩耍。前面我有提到，人是讓狗產生分離焦慮症的導火線，假使飼主沒有調整本身的飼養管理方式，即使多養了一隻狗，那麼將有可能導致狗狗們（複數）同時都產生分離焦慮症。

狗與狗之間的分離焦慮症

狗習慣了飼主的陪伴，一旦飼主離開，狗會產生分離焦慮，不斷吠叫甚至於自殘，這便是典型的狗對人產生了分離焦慮症。接下來要談的是狗對狗的分離焦慮症。

處於哺乳期的母犬與幼犬，如果幼犬離開母犬身邊，母犬會發瘋似的坐立難安，東跑西跑想要將幼犬給找回來，而幼犬則是會不斷啼哭，希望回到他熟悉的媽媽身邊。這是每一隻狗都會遇到的第一個分離焦慮，在小時候就會面臨到的情形。但隨著幼犬成長，母犬的母性會漸漸減低，幼犬也會開始適應新的環境，並且將感情依賴轉移到飼主身上。

有些人會飼養兩隻以上的狗，平日都讓他們倆互相陪伴，一起睡覺、一起遊戲、一起出門。狗與狗之間，建立起一種比起與飼主更為緊密的關係時，我們可以留意到一個現象，當飼主只帶其中一隻狗出門，另一隻狗就會開始坐立難安，這隻坐立難安的狗，大多數都會採用吠叫的方式，來表達他的情緒。

狗與狗產生的分離焦慮，與狗與人產生的分離焦慮是完全相同的。想要預防狗與人的分離焦慮，不外乎就是要讓狗學習獨處，相同的，要預防狗與狗的分離焦慮，仍然也是要讓狗學習獨處。

我曾經接過一個案子，飼主飼養了兩隻狗，兩隻狗平常離不開飼主，也離不開彼此，只要飼主一離開他們，或是有其中一隻狗離開，那麼，兩隻狗會同時一起大聲吠叫，或者另外一隻未離開的狗會大聲吠叫。

我是怎麼處理這兩隻狗之間的分離焦慮。

我把兩隻狗分開飼養，一隻住樓上，另外一隻住樓下，平日的生活裡見不到彼此，當然，我一律會先為他們個別進行籠內訓練。

起初，他們一定非常不適應，不停大聲吠叫，我則是完全忽略他們的吠叫，所謂完全的忽略是指連瞄一眼都不可以。他們的行動也各自分開進行，獨自吃飯、獨自睡覺，就連放風散步都是分開，總之，就是讓他們無法見到

對方。

　　接著，我和另一位訓練師，分別為他們各自進行服從訓練，完成服從訓練的狗，他的穩定性相對地也會跟著提升，且敏感度自然也會降低。

　　然後，我開始同時帶他們出來，一起進行服從訓練，讓兩隻狗一起在人的身邊進行腳側隨行，順序是讓一隻狗在原地等待不動，另一隻狗繼續跟著人腳側隨行，兩隻狗輪流進行相同的訓練步驟。

　　漸漸的，兩隻狗開始習慣看著另一隻狗離開。最後，我再將他們的籠內訓練，調整安排一起住在同一個籠子裡，放風自由活動或是餵食，會不固定的讓其中一隻狗先出籠放風，或是先進食。

　　透過訓練要求到日常生活管理，來淡化他們對彼此的依賴，讓他們養成各自獨立的性格，他們能夠一起放風一起玩，也可以獨立待在籠內，安心的看著另一隻出籠離開。如此，我成功矯正了這兩隻狗之間的分離焦慮。

分離焦慮症

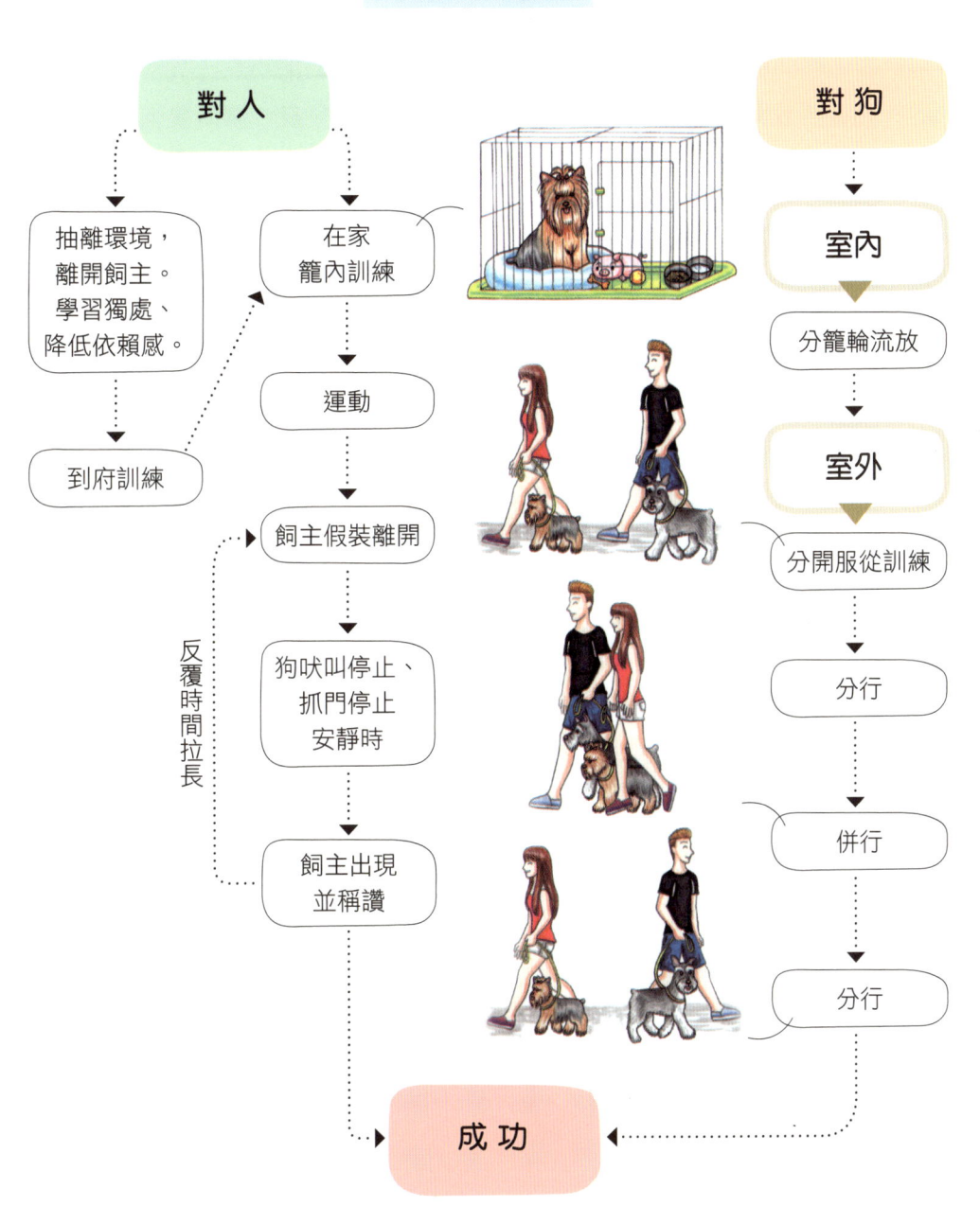

對人

- 抽離環境,離開飼主。學習獨處、降低依賴感。
  - 到府訓練
- 在家籠內訓練
  - ↓
  - 運動
  - ↓
  - 飼主假裝離開
  - ↓
  - 狗吠叫停止、抓門停止安靜時
  - ↓
  - 飼主出現並稱讚

反覆時間拉長

對狗

- 室內
  - ↓
  - 分籠輪流放
  - ↓
- 室外
  - ↓
  - 分開服從訓練
  - ↓
  - 分行
  - ↓
  - 併行
  - ↓
  - 分行

成功

雷雨恐懼症

　　狗狗的聽覺能力十分優異，但是聽覺的靈敏，對於狗狗來說並不意味著是件好事，我們聽不見的，狗能聽見，狗一聽見就會狂吠。這解釋了為什麼地震與自然災害來臨前，狗都會吠叫不已。若再加上某些特別敏感的性格，平日裡的聲音，如打雷、鞭炮等，對於敏感的狗來說是非常可怕的。

　　狗的耳朵可以接收到的聲音源相當豐富，對於敏感性格的狗來說，打雷的聲音源會來自四面八方，感覺就像是被聲音包圍起來，當狗無法理解真實情況的時候，就會表現出恐懼害怕的情緒反應。伴隨恐懼害怕而來行為表現，可能是尖叫、可能是呼吸急促，也可能是身體不斷發抖，但大致上都會出現一個相同的行為，那就是，狗會找個地方躲起來。

　　躲起來的地方可能是床底下，可能是沙發底下，可能是衣櫃裡面，無處可躲時，狗便會瘋狂地挖掘地板，試圖挖出一個讓他藏身的洞穴出來。這是源自於狗的穴居本能反應，當壓力大過於狗的耐受度時，狗會想要找到一個讓自己安全的環境，這個環境有一個共同點，那就是「有屋頂和牆壁」。不論是在床底下、沙發底下，或是衣櫃裡面，這些都是被屋頂和牆壁包圍的環境，這個環境不需要很大的空間，只要足夠讓狗藏身於內，就能讓狗產生安全感。

　　我們了解了狗的穴居本能，能夠讓他產生安全感，因此，在平常我們可以幫狗創造出一個讓他有安全感的巢穴，那就是進行籠內訓練。

　　籠內訓練與關籠飼養，或是關籠懲罰是完全不同的。

　　當狗對籠內環境建立了安全感的認知時，一旦打雷了，或是有狗害怕的大噪音時，狗會自己走進去籠內，靜待聲音的消失。

　　現在有很多飼主，並未讓狗接受籠內訓練，飼主們面對患有雷雨恐懼症的狗時，大都會採取精神上的安撫和肢體上的擁抱，飼主們採用似是而非的行為，試圖讓狗不再那麼害怕打雷。

　　當狗待在飼主的身邊，感受到飼主的安撫和擁抱，的確能夠紓解害怕打

雷所帶來的壓力，但是你不可能隨時待在狗的身邊，萬一狗自己一個人家裡時打雷了，狗只能被迫獨立去面對這個壓力。記住，你若愈是過度保護受到雷雨聲驚嚇的狗，狗就更難以去面對這樣的環境，也更難去消化這些不良的情緒。若壓力瞬間來得過大，極可能造成狗因過度緊張而心跳過快，甚至導致休克死亡。

除了籠內訓練製造出具有安全感的巢穴之外，我們也可以進行對雷聲的減敏訓練。

我們可以將雷聲錄音下來，或是上網下載各式雷聲音訊，每天播放給狗聽。每天持續地讓狗聽雷聲，控制好音量，從小聲開始播放，漸漸愈來愈大聲，直到狗聽到麻痺無感為止。

當狗漸漸的對雷聲不再感到那麼害怕的時候，我們可以更近一步利用雷聲製造出新的連結給狗，例如打雷時，會有平常吃不到的雞腿出現，刻意去讓狗在雷聲與雞腿之間做出連結，那麼，狗會轉變成期待打雷的到來喔。

漢克這樣說

每一隻狗都跟人類一樣，存有喜、怒、哀、樂的情緒表現，他是一個擁有智力的生命體。

3-10 狗的社會化不足

狗的社會化訓練是相當重要的，社會化訓練是一個統稱名詞，遠比你教狗坐下、趴下、握手等才藝表演重要多了，在此我所指的社會化可細分為三點，一是狗對狗的社會化，二是狗對人的社會化，三是狗對環境的社會化。

社會化充足的狗，不論在任何的環境裡都懂得如何與人相處，也懂得如何與狗互動，可以避免掉可能隨之而來的行為問題。反之，社會化不足的狗，不懂得如何與狗遊戲互動，容易跟狗打架互咬；或是不懂得如何與陌生人相處，一遇到陌生人就異常緊張，可能會主動攻擊咬陌生人，亦可能會驚慌失措跑去躲起來。

狗對狗

狗與狗的社會化訓練，指的是狗與狗之間正常的遊戲與互動，最黃金的訓練時期為幼犬時期，最理想的輔助訓練對象為幼犬的母親和同一胎的幼犬。

一般而言，以性格發展來作區分，幼犬是指六個月齡內思想還很單純的時期，六個月齡至十二個月齡的狗稱為半熟齡犬，十二個月齡以上的狗稱為成犬。

進行狗與狗的社會化訓練主要區分為三點：一是幼犬的社會化訓練，區分為大型兇猛犬的幼犬和一般體型的幼犬；二是成犬的社會化訓練；三是為社會化不足的狗進行社會化訓練。

幼犬的社會化訓練（大型兇猛犬的幼犬）

一般而言，當幼犬斷奶後即可開始進行居家生活訓練，這裡面包含了生活作息的養成、生活規矩的養成、便溺訓練和籠內訓練。

我們都知道，剛斷奶的幼犬抵抗力差，需要連續三個月施打疫苗後，才能有足夠的免疫力可以對抗外界環境的細菌和病毒，也才可以出門去跟其他

的狗狗們一起玩。但當疫苗都全數施打完畢後，這個時候的幼犬約為四個月齡，然而這樣的年齡對於某些特定的大型兇猛犬種而言，已經開始在發展對狗的攻擊行為了！

因此，當你要飼養大型兇猛犬的幼犬時，建議不要太早將幼犬帶離開母狗和同胞狗狗們的身邊，應該要在四個月齡之後，且完整的疫苗都注射完畢後再帶回去飼養，多一些時間讓幼犬們彼此之間一起玩、一起互動，若是玩過頭，狗媽媽還會出手管教。也就是說，透過同胎的互動和母犬的管教，是最理想的大型兇猛犬種幼犬的狗與狗社會化訓練。

幼犬的社會化訓練（泛指一般的幼犬）

承上述，當幼犬的疫苗都完整施打後（通常此時已滿四個月齡），我們開始可以放心的帶幼犬出門，請記得一件事情，參與社會化輔助訓練的對象必須是性格正常的狗，若被性格不正常的狗過度刺激，或是被性格不正常的狗攻擊，那麼對進行社會化訓練的幼犬將會有很深的負面影響，輕則膽小敏感容易緊張害怕，重則社會化訓練失敗，導致會攻擊咬狗！

我們要幫自己的幼犬挑選合適的社會化輔助訓練對象，必須要找自己認識的飼主和狗，不是一到公園就隨意放開牽繩。否則這個世上有百款人，我們無法知道站在我們對面的飼主和他的狗，是否是個合格的社會化輔助訓練對象。

再來，就是循序漸進的幫幼犬挑選社會化輔助訓練對象的體型和數量。通常我會建議先自一隻同體型的輔助訓練狗開始進行，然後再陸續增加數量，最後再拓寬輔助訓練狗的體型範圍，目的是讓你的幼犬可以跟任何一隻不同體型的狗，都能夠正常的互動。也許你可以考慮一下訓練學校的資源，因為訓練學校的狗隻數量很多，可以參與輔助訓練的合格狗也很多，這是一個很好的資源。

成犬的社會化訓練

　　成犬的思想與性格已經成熟，故在進行社會化訓練的環境應以室外開放性環境且非領域區為主，應以不同性別的狗為主要的輔助訓練狗。

　　同幼犬一樣的規範，社會化輔助訓練的狗的體型相當重要，我們依然要先自同體型的狗開始進行（或是比受訓狗略小的體型），然後再循序漸進的增加數量與拓寬體型範圍。

　　我們可以選擇讓狗狗們自己玩，在遊戲打鬧的過程中，他們自然會去學習社交的能力。但請注意，如果你無法判斷狗狗們是在遊戲還是在攻擊互咬，請尋求正規訓練師協助。

　　我們亦可以選擇由我們帶領狗狗們一起玩，例如拔河遊戲，讓狗狗們一起共同合作與你拔河；例如跑步運動，讓狗狗們一起跟著你出去跑步。在人所帶領下的狗狗們將各自的專注力放在同一個事物上，讓狗狗們在一起行動，潛移默化之中學習社交的能力。當你的狗狗可以很順利的與每一隻性格和善的狗狗一起遊戲互動，不會出現膽怯害怕或是攻擊行為，那麼就可以說是訓練成功了。

為會攻擊咬狗的狗進行社會化訓練

　　這是一個難度較高的訓練，與上述的狀況完全不同，這種狀況的狗並不能採用頭痛醫頭，腳痛醫腳的方式，因為本身已經是社會化不足的狗了，若只是緊張害怕那還不十分要緊，但若是會攻擊咬狗的性格，很容易會讓參與社會化輔助訓練的狗受傷，甚至於改變了輔助訓練狗的本身性格，導致輔助訓練狗不敢社交，甚至也開始攻擊咬狗。

　　因此若是要為會咬狗的狗進行社會化訓練，建議尋求正規訓練師的協助，訓練師除了能夠提供矯正的方式之外，訓練學校內也擁有足夠的輔助訓練狗的資源。

　　值得一提的是，我不會讓攻擊咬狗的狗直接與輔助訓練狗接觸，而是會先去訓練這隻狗的服從性。透過服從性的提升，穩定性自然也會跟著提升，

相對地敏感度也會降低。

　　再來，我會透過規律的日常生活作息與籠內訓練，來為社會化訓練鋪路。社會化不足的狗等到了出籠時間，他的心情是開心的，他的心是打開的，結合了上述的服從性訓練，在我成為領導人後，那麼社會化不足的狗就會開始接受與其他的狗狗們一起互動，而不再攻擊咬狗了。

狗對人

　　在狗與人類互動和信任的基礎上，流浪犬通常比起家犬更不信任人類，因此狗與人的社會化訓練主要區分為二項：一是流浪傷病犬與人的社會化訓練，二是一般家犬與人的社會化訓練。

流浪傷病犬與人的社會化訓練

　　流浪犬在流浪期間或許曾經被人類暴力對待，導致流浪犬見到人時就躲得遠遠的。若再遇上動保人士的補捉過程包含了圍捕、誘捕和追趕等等手段，這些都會加強了流浪犬對人類害怕的心理狀況。當流浪犬帶著傷病被補捉到之後，往往就是直接送醫治療，若這隻浪犬本身的傷病程度不嚴重的話，勢必會使勁全力反抗。於是在反抗的過程中，又會讓這隻浪犬出現對室內空間、診療臺或是口罩，甚至於對獸醫師本人，或是對觸診、抽血等等，在心理上會產生不良的連結。

　　首先，我們必須有這個觀念，在傷病治療和行為矯正之間，要以傷病治療為優先考量，當狗的身體恢復健康後，才有足夠的精神體力來接受訓練矯正。然而在傷病醫療的過程中，如同補捉流浪犬的過程中，難免會產生令狗狗感受到不舒服的事情與動作，這是無可避免的狀況。

　　流浪犬在醫療結束後，開始接受與人類共處的社會化訓練時，我們首先要採取對狗冷淡的飼養管理方式。因為剛更換環境的狗會在內心出現緊迫感，這是因為不熟悉人、不適應環境所造成的。當我們給予冷淡的飼養管理方式，隨著時間過去，狗狗會自己去消化不安緊迫的情緒，也會漸漸跟飼養人熟悉。

有些帶有傷病的流浪犬只要身體恢復健康了，無需訓練協助，自己就能適應新環境，去習慣環境裡的生活作息，也熟悉了飼養人，恢復到正常的性格，能夠正常的與人類互動。若隨著時間經過，已經恢復健康的流浪犬仍然無法正常與人互動時，那麼我們要將冷淡飼養的時間拉長，切勿過度強迫流浪犬與人互動，以免引起反效果。

所謂「冷淡飼養」，指的是一般的日常生活飼養管理，除了幫狗製造出一個可供窩藏、有安全感的巢穴之外（籠內訓練），平日飼主要跟狗共處在同一個空間，讓狗隨時或長時間都可以看到飼主。每天正常餵食，正常帶出門散步，散步的時間可以由短短的幾分鐘，慢慢增加到幾十分鐘，散步的距離可以自家門旁開始，再慢慢的遠離家門。除了餵食與散步之外，其餘的時間都不要理會狗狗，這就是我所說的冷淡飼養。

一段時間之後，狗狗封閉的內心會漸漸打開，這個時候飼養人扮演著很重要的角色，我們需要透過飼養人來讓狗開始學習去熟悉、去接受其他人。

一切都要從餵食與散步開始進行，讓飼養人陪著第二個人對狗進行餵食與散步的動作，當狗狗開始熟悉並接受第二個人的觸摸之後，我們再安排第三個人、第四個人出現，以此類推進行狗對人的社會化訓練。

一般家犬與人的社會化訓練

相較於與流浪犬在流浪時期曾被人類暴力對待、動保人士補捉、傷病醫療等等，一般家犬受到保護，不會遭受到如流浪犬一般的對待，因此家犬對人的社會化不足，大多在於指向陌生人的部分。

通常家犬都會對飼養自己的全家人熟悉，但若是出門在外時就會對馬路上陌生人吠叫，甚至於陌生人經過他的身邊，也會突然的對陌生人發動攻擊！

簡單的說，我們可以訓練狗狗腳側隨行，讓狗狗在出門散步時的注意力放在飼主的身上，而非放在陌生人身上。我們可以訓練狗狗原地等待，讓狗狗安靜坐下等待讓他在意的陌生人離開。當然我們也可以針對狗狗在意的陌生人，特別為其進行減敏訓練（請參閱98頁攻擊行為，咬陌生人）。

狗對環境

環境所指的為人類日常生活中的環境，這個環境裡面包含了許許多多、各式各樣的干擾與刺激，例如大聲尖叫奔跑過來的兒童、呼嘯疾駛的車輛、拄著拐杖、拿著雨傘的路人，與慢跑的跑者等等。

若狗狗自小到大都沒有規律的出門散步，那麼這隻狗將很容易形成對環境的社會化不足。所出現的表徵為容易受到干擾刺激，導致出現驚恐、緊張，閃避等等情緒，嚴重一點甚至於會掙脫牽繩跑掉，若在車水馬龍的街道，便很容易被車撞傷，甚至導致他人為了閃避狗而發生意外。

換句話說，只要狗狗自小到大都有規律出門散步，就不容易出現對環境社會化不足的情形。

不論是何種社會化訓練，我們都要保持一個原則，各種的社會化訓練，狗的年紀愈小愈容易成功，而社會化訓練的關鍵，就是讓狗暴露在該環境中。

漢克這樣說

> 暴露在多狗的環境中，可以得到狗與狗社交互動的社會化；暴露在多人的環境中，則可以得到狗與人的社會化互動；暴露在開放空間外界環境中，則可以讓狗習慣環境裡的種種干擾與刺激。

狗

社會化充足
不會怕、
不會咬，
會一起玩

社會化不足時：
- 過度興奮、吠叫
- 害怕、躲起來
- 攻擊

人

社會化充足
和善
無多餘反應
不強迫人跟他玩

社會化不足時：
- 過度興奮、吠叫
- 遇到經過身邊的人、快速奔跑的人 → 攻擊
- 在意陌生人眼光，陌生人無法觸摸 → 害怕、吠叫、躲起來

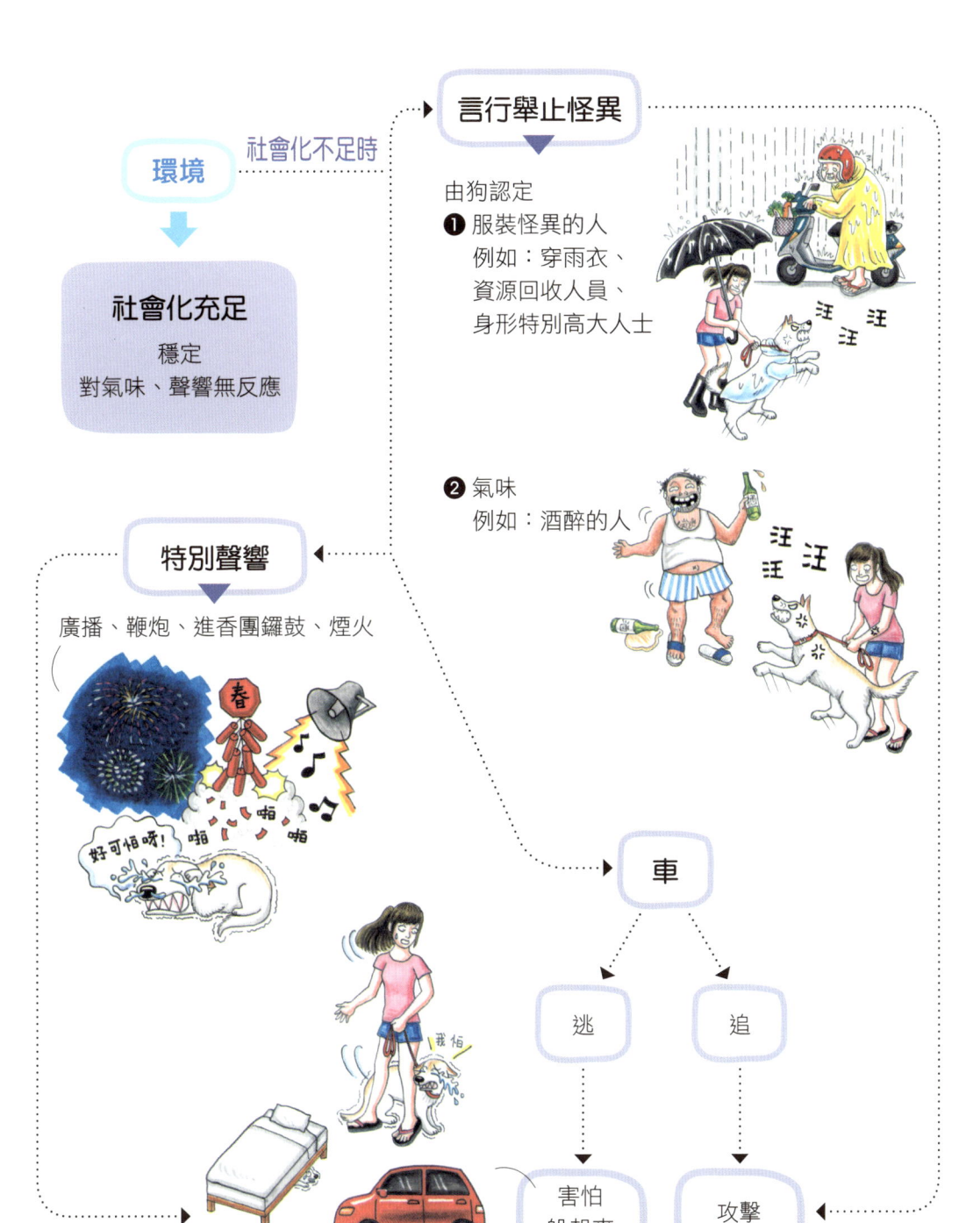

CHAPTER 3 把訓練融入生活

環境 —社會化不足時→

社會化充足
穩定
對氣味、聲響無反應

特別聲響
廣播、鞭炮、進香團鑼鼓、煙火

言行舉止怪異

由狗認定
① 服裝怪異的人
  例如：穿雨衣、
  資源回收人員、
  身形特別高大人士

② 氣味
  例如：酒醉的人

車
→ 逃 → 害怕躲起來
→ 追 → 攻擊

別亂教你的狗－我的狗會咬人

社會化不足

對狗　　　對人　　　對環境

汪汪汪　　汪汪汪　　我怕怕！

矯正社會化不足

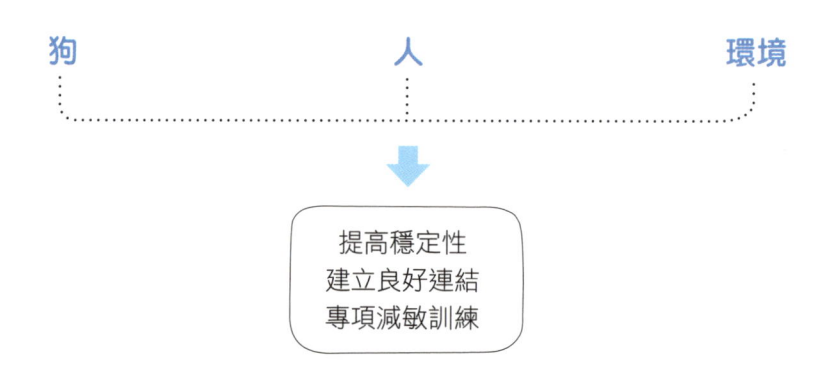

狗　　　　人　　　　環境

提高穩定性
建立良好連結
專項減敏訓練

社會化訓練

對狗
→ 多跟狗接觸

選擇和善的狗
穩定
不具侵略性
不具攻擊性

對人
→ 多讓陌生人摸

選擇會摸的人
平穩
注意手勢

對環境
→ 多出門
多散步

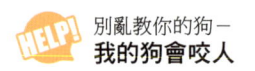

案例十　適應力不足成就敏感個性的中途狗

前文說過，社會化不足有三個面向，即對人、對狗和對環境，有些狗的社會化不足只有單一項目，但是有些狗的社會化不足卻是同時三項並存。

我認識一位救援流浪動物的志工，有一天他救援了一隻流浪狗（即將滿一歲的幼犬），在經過醫療檢驗，確認疾病可以有效治療之後，隨即就將這隻流浪狗帶往私人家庭中途寄養，打算在那裡等待認養人。

在中途寄養待了三個月，這隻狗狗的性格卻出現了一些變化，原本被救援前是活潑好動的性格，如今卻開始對陌生的訪客出現了地域性驅逐吠叫行為。

中途管理人很疼愛這隻狗，每天讓狗在偌大的家裡滿場跑，但是卻鮮少帶狗狗出門散步。

地域性是狗狗與生俱來的本能反應，通常是指狗狗經常性活動、進食和睡眠時的空間領域，凡外人、外狗踏入了這個領域，就會引起狗狗的驅逐、吠叫，甚至於攻擊行為。這個領域是令這隻狗狗感到具有安全感的領域，但卻因為鮮少被中途管理人牽出門散步，導致了當狗狗一踏出領域之外的環境時，就會異常沒有安全感，進而出現了極度緊張的情緒（顯示對環境的社會化不足）。

我們要知道外界環境的刺激源有很多，例如車輛的聲響、廣播炮竹聲、街道上大量的行人，公園裡也有許多大聲嬉戲奔跑的兒童，還有馬路邊、街頭巷尾不時會遇到的家犬與流浪犬。這一切都屬於高刺激物，因此才讓這隻狗產生了極度緊張的情緒。若放任不管，這樣的情緒將會轉移形成其他意想不到、各式各樣的行為問題。我以這隻狗狗為例，他就出現了對陌生路人的吠叫行為，以及他也不敢被陌生人觸摸，就連待在室外環境都神情緊張，想要找地方躲藏起來，卻又在看到其他狗時會

衝上前去狂吠，同時顯示出對人、對環境、對狗三項的社會化不足。

這個時候，志工開始緊張了，因為一隻不親人又性格敏感的流浪狗，很難成功送養，於是我們趕緊將這隻狗狗帶回來犬舍安置，安排受訓矯正。

我們每天帶這隻狗狗出門散步，同時輔以服從訓練，讓他的性格穩定，讓他的敏感度降低。我們也請蒞臨犬舍的客戶們去看看他、去摸摸他、去餵他好吃的零食，讓他愈來愈喜歡跟陌生人互動，這即是社會化訓練。

大約進行了二、三個月的時間，這隻狗狗的敏感性格被我們完全扭轉過來了，變得親人、親狗，也不害怕環境裡的各式聲響。不論是對人、對狗或是對環境的社會化訓練，我們都在這隻狗狗身上見到了成效，在志工積極的送養之下，成功的送養到美國的認養人家庭。

別亂教你的狗－
我的狗會咬人

浪犬與人

我們先試著了解狗在 怕什麼 ，
剛更換到陌生環境的狗會在內心出現緊迫感，
不熟悉人、不適應環境。

你要幹什麼？
這是哪裡
不要看我
你是誰？
不要碰我
好可怕的聲音
那個人為什麼要一直跟我說話？
不要靠近我⋯

所以我們要做的事

冷淡飼養

CHAPTER **3** 把訓練融入生活　167

給狗安全感
創造可供窩藏的巢穴

引導狗適應新生活
新生活有新作息，確認幾點餵飯、散步、上廁所。

給狗時間
飼主不要太急，讓狗有時間消化不良情緒。

4 特別篇

讓失家的心
重新溫暖

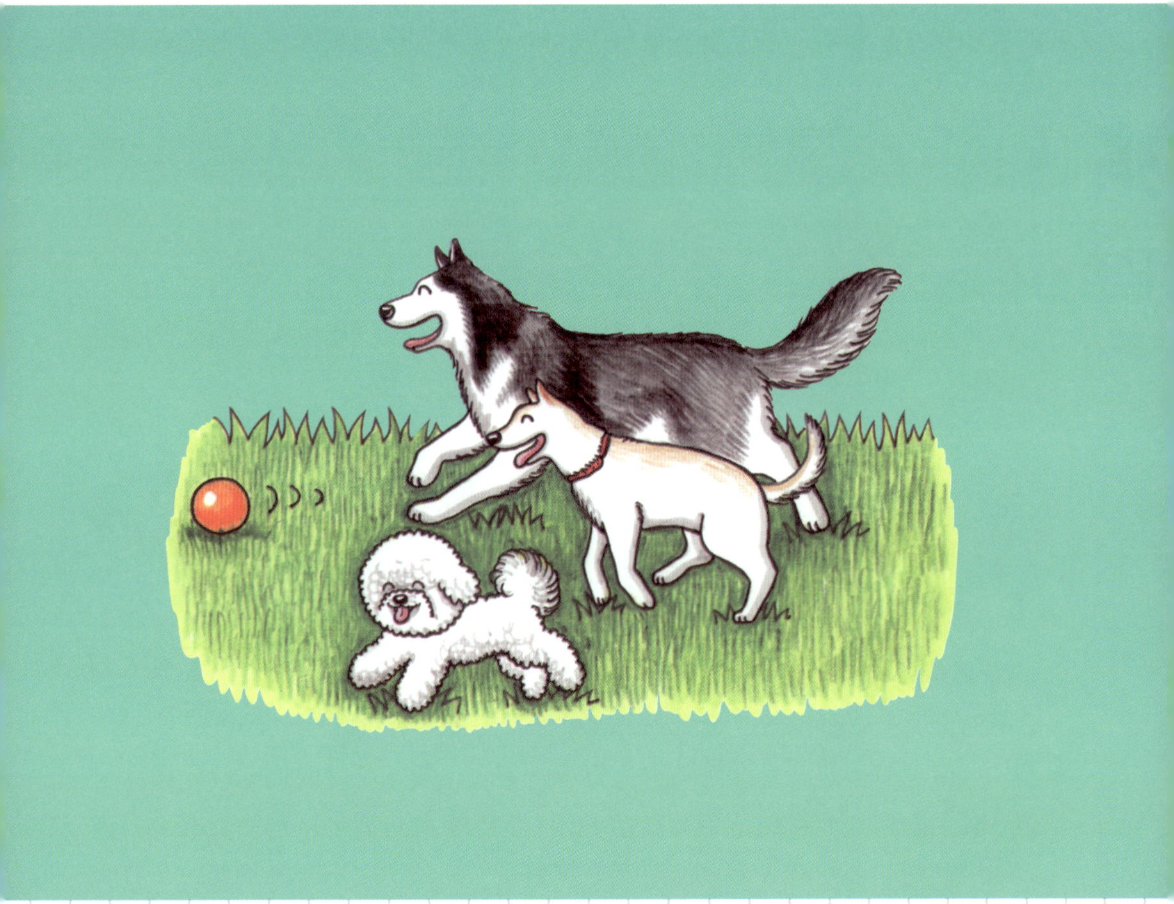

4-1 獨一無二的米克斯

狗是人類最好的朋友，我們仔細想想，狗是動物，任何動物如果對其他生物毫無戒心，那麼他根本就無法存活在這個世界。對人類毫無戒心的狗，是在品種犬的代代繁衍之下，被人類給馴化了，所以今日才會有將近兩百多種的品種犬出現在人類生活裡，與人類朝夕相處。

但是，許多人的飼養方式較隨性，又或者是道德觀不強，放任自己飼養的狗在外交配繁殖，甚至棄養了自己的狗，製造了流浪犬遍佈台灣的社會問題。

米克斯犬，即為混種犬，是台灣收容所裡數量最多的狗，來源大多為遭人棄養在街頭流浪的狗，以及這些流浪狗交配繁殖所產生的下一代。基本上，米克斯犬與寵物繁殖業者之間的關聯性不高，因為米克斯犬不具有商業利益，寵物繁殖業者不會拿米克斯犬去進行繁殖買賣交易。

米克斯犬大多為中型體態，又因為是混種犬，大多數的米克斯犬都長得身強體壯，極少出現具有遺傳疾病的米克斯犬。

米克斯犬的先天性格普遍來說是溫和的，只有在被人類虐打和不正確的飼養管理方式之下，才有可能出現具攻擊性的性格。米克斯犬的性格穩定、相貌獨特，加上台灣對流浪犬的動物保護意識抬頭，近幾年來，已經有愈來愈多的人收養、飼養米克斯犬。

米克斯犬與台灣犬是兩種不同的狗，雖然有些米克斯犬的相貌看起來與台灣犬相近，但是他們在基因裡可是完全不同，米克斯犬是混種犬的英文音譯，而台灣犬則是我們台灣特有的品種代表犬。

台灣犬與台灣犬交配繁殖會生出小台灣犬，無論是在骨骼架構、體型大小、被毛配色和毛質毛量都可依據FCI（世界畜犬聯盟）認可的台灣犬犬種標準來判斷。米克斯犬與米克斯犬交配繁殖，仍然會生出小米克斯犬，其骨骼架構、體型大小、被毛配色和毛質毛量等無法預估判斷。因此有許多人說，

米克斯犬每隻都是獨一無二的驚喜包，他可能長大成犬後，體重只有十幾公斤重，也有可能長成二十公斤重，甚至高達三十公斤重的大型成犬，米克斯犬的體型大小是完全無法預估推斷的。

　　台灣收容所內的流浪米克斯犬佔了約八成左右，不論是米克斯犬或是品種犬，我們去收容所內認養流浪犬回家，或是台灣民間動保狗園在飼養管理流浪犬的方法上，我個人有一些建議容後詳述。

別亂教你的狗－
我的狗會咬人

4-2 破碎的心理創傷

　　狗跟人類一樣，都是具有思想、有情緒的動物。有些狗狗的個性大剌剌、人人都好，每天看起來無憂無慮；有些狗卻不是這樣，總是一副看起來很憂慮的模樣。流浪犬在外生活時，每天為了生存所展現的生命本能，讓他受盡了苦頭。他可能變得不願意親近人類，雖然不見得會攻擊、咬人，卻總是離人遠遠的。

如果你領養了一隻看起來很憂鬱的流浪狗，在狗狗回家後，請記住這「三不」：
◆ 不要急著想要他主動過來找你。
◆ 不要急著想要教他在哪裡便溺。
◆ 不要急著想要教他坐下、握手等把戲。

　　請給他一些時間適應你給的新環境，讓他去熟悉你與他共同生活在同一個空間。大多數時間，你只需要冷處理，自然而然的，他會慢慢消化自己不安的情緒，進而開始願意主動親近你，願意去配合做一些能夠讓他得到稱讚獎勵的要求。
　　一般來說，狗狗在更換新的環境時，通常需要一至兩週的適應期。這段期間裡，對狗冷處理是最理想的方式，也許狗狗會一直縮在屋內一角，你也別刻意想把他拉出來。如果他對於你的撫摸感到畏縮害怕，請你也別執意一定要去撫摸他。
　　相信我，給狗狗一些時間，他自然會消化他不安情緒，並且漸漸去接納你。

4-3 流浪狗園的管理和必須的團體訓練

不論你養了幾隻流浪狗，相同的原則有以下幾點。

◆ 確實結紮，避免繁衍生育。
◆ 確保足夠飲食，避免狗因飢餓而死亡，甚至演變成同類殘殺。
◆ 有足夠的立即性醫療資源，最基本是定期施打疫苗等藥物，讓狗遠離病痛與寄生蟲的折磨。
◆ 分區飼養管理，按照老弱婦孺確實分區，避免產生弱肉強食的打架流血事件。
◆ 清潔動線順暢，定期清潔籠舍，杜絕環境汙染，杜絕病媒產生。
◆ 定期幫流浪狗洗澡美容，讓他看起來容光煥發、生氣勃勃。
◆ 足夠的自由活動室外空間，陽光是所有生命都需要的。
◆ 開放外來訪客的探視與互動，讓流浪狗在有機會步入認養家庭時，能夠懂得與人類互動相處。
◆ 送養資訊開放透明，讓流浪狗也有機會擁有一個愛他的家人。
◆ 依照人力和使用空間能力收養流浪狗，千萬不要超收，如此不但無法顧及流浪狗生活品質，就連你自己的生活品質都會賠進去。

我們來談談關於流浪狗園的團體訓練，團體訓練的原則是以「方便管理」為主，若流浪狗具有攻擊性導致無法飼養管理、無法順利送養，或是具有散步暴衝、過度興奮，又或者是患有憂鬱症、強迫症的流浪狗，基本上，仍要以個案來一對一單獨矯正訓練。

團體訓練首重規律的生活作息，例如幾點鐘吃飯、幾點鐘放風自由活動，以及幾點鐘就寢睡覺。狗是與人類的生活作息時間相仿的動物，日出而作，日落而息，只要維持一段時間，你將可以更有效率的管理你的狗園。

你可以想像自己是動物園的動物飼養員，你所飼養管理的動物，有著規

律的生活習慣時，代表著你可以有效的安排你個人的時間，例如去採買物資，或是帶需要就診的動物去醫療。如此一來，狗園裡的狗不會每日都處在亂哄哄的環境裡，你也才不會因為忙著安頓他們，而無法更有效率的安排時間，做其他需要做的事情。

後 言

一直被模仿，從未被超越！

感謝讀者們閱讀了我的拙作，相信你們都跟我一樣重視狗狗教育！孔子說過教育方式要「因材施教」，這句話套用在教育狗狗也是相同的道理。

就像是裁縫師幫你量身訂製的衣服最合你的身，狗狗們的教育，也應當是由訓練師為狗狗們量身訂製訓練矯正課程，才能見到成效。適合這隻狗的訓練矯正課程，不見得會適合另外那隻狗，更不見得會適合你的愛犬。

書中提到每一隻狗的性格都不同，即使是同一胎狗其性格也可能完全截然不同。一位優秀的訓練師，會細心留意觀察、測試和判斷每隻狗狗們的性格，透過訓練師本身的知識、經驗和技術，來為狗狗們設計出一套專屬於這隻狗的訓練矯正課程，絕不會「用一帖藥行走天下」。

再說，人醫有分門別類，骨折看骨科、心血管疾病看心臟科、生小孩看婦產科、傷風感冒看耳鼻喉科，大家若去就醫治療，絕對不會去找錯的醫生、看錯診。訓練師在工作、知識與技術的屬性上，有不同的領域，搜救犬訓練、導盲犬訓練、防護犬訓練，以至於表演馬戲訓練，都有該領域的專業者。換句話說，狗狗的異常行為訓練矯正，也是一門獨立出來的學問，找對訓練師真的很重要。

在這個資訊爆炸時代，上網很輕易可以找到關於犬隻訓練的文章，或是來自於網友們四面八方的訊息，這些內容與訊息藏著很多錯誤，若全部照單全收，只會有害而不會有益。

每一隻狗都是獨立的個體，教育應該是因材施教，而狗的異常行為訓練矯正，絕非靠模仿就能夠教育成功。網路上、書籍雜誌上所有訓練矯正的方式，自然也包含了這本書在內，我的看法是，全部都只能夠僅供參考，針對狗狗的異常行為問題，建議一定要與好的訓練師密切合作，因應不同狗狗年齡時期、不同生理狀態、不同的生活環境，給予狗狗所需的協助。

教育無法模仿，超越困境就是成功，祝福你與狗兒擁有幸福的 daily life。

```
建別亂教你的狗：Help!我的狗會咬人/漢克作.
-- 二版. -- 新北市：世茂出版有限公司, 2025.08
    面；   公分. --（寵物館；A29）
寵愛版
ISBN 978-626-7446-96-6（平裝）

    1.CST: 犬 2.CST: 犬訓練 3.CST: 寵物飼養

437.354                              114008305
```

寵物館A29

別亂教你的狗－HELP！我的狗會咬人【寵愛版】

作　　者／漢克
主　　編／簡玉珊
封面製作／林芷伊
出　版　者／世茂出版有限公司
地　　址／(231)新北市新店區民生路19號5樓
電　　話／(02)2218-3277
傳　　真／(02)2218-3239（訂書專線）
劃撥帳號／19911841
戶　　名／世茂出版有限公司　單次郵購總金額未滿500元（含），請加80元掛號費
世茂網站／www.coolbooks.com.tw
排版製版／辰皓國際出版製作有限公司
印　　刷／祥新印刷股份有限公司
二版一刷／2025年8月
Ｉ Ｓ Ｂ Ｎ／978-626-7446-96-6
Ｅ Ｉ Ｓ Ｂ Ｎ／978-626-7446-97-3（EPUB）
　　　　　　978-626-7446-98-0（PDF）

定　　價／420元